33

中国航空规划设计研究总院
有 限 公 司 科 研 综 合 楼

图书在版编目（CIP）数据

中国航空规划设计研究总院有限公司科研综合楼／
《33 科研综合楼》编委会编 .－－ 北京：中国建筑工业出
版社，2018.2
　ISBN 978-7-112-21668-0

Ⅰ . ① 中… 　Ⅱ . ① 3… 　Ⅲ .① 航空工业—研究院—
建筑设计—中国　Ⅳ .① TU244. 4

中国版本图书馆 CIP 数据核字（2017）第 316616 号

责任编辑：王砾瑶
责任校对：张　颖

中国航空规划设计研究总院有限公司科研综合楼
《33 科研综合楼》编委会　编

＊

中国建筑工业出版社出版、发行（北京海淀三里河路 9 号）
各地新华书店、建筑书店经销
北京雅昌艺术印刷有限公司印刷

＊

开本：889×1194 毫米　1/20　印张：6 ⅜　字数：269 千字
2018 年 10 月第一版　　2018 年 10 月第一次印刷
定价：113.00 元
ISBN 978-7-112-21668-0
（31522）

《33科研综合楼》

总　　编：廉大为
副 总 编：沈顺高　沈金龙
执行主编：傅绍辉
执 笔 人：刘向晖　魏　炜
　　　　　许　明　崔巨宏
　　　　　甘亦忻　孟凡兵
　　　　　陈泽毅　高青峰
　　　　　范　立　马　跃
文字编辑：沈　阳
美术编辑：程　萍
摄　　影：楼洪忆

前言

　　四十年的改革发展历程，不断改变着人们的理念，刷新着大众的思维。对于科技类企业的科研办公环境条件的认识和要求，也在不断地演变。但有两条要求是基本不变的：一是规划和建筑风格，符合时代的审美和气息，且能经得起时间的磨砺，历久弥新；二是内部功能齐全、布局合理、流线顺畅、配套完善，于当前满足科研办公需求，于长远支持新业务、新技术的拓展。中国航空规划设计研究总院有限公司新建的科研综合楼，即是这样一座成功的建筑。

　　中航院科研办公地址几经变迁，1951 年 8 月初创时，和上级机关一起办公，后由国务院事务管理局安排在城南北线阁一处院落。20 世纪 50 年代短短几年，因航空工业发展需求，院内科技人员数量激增，北线阁院址不能满足要求，经上级批准，在城北选新址建设科研办公楼，这就是德外大街 12 号院址。

　　根据当时规划，12 号院内新建 23000m² 主楼一座，并配套若干建筑。1956 年新址竣工投入使用后，在近 50 年的后续使用中，院址内进行了多轮改造建设。新科研综合楼建设之前，原仅保留了 23000m² 主楼，这座主楼以其较宏大的体量和简朴庄重的竖线条立面设计，矗立在德胜门外，独领风骚近 50 年，当年是常引路人侧目的标志性建筑。

　　随着国家航空工业的井喷式发展，20 世纪 90 年代开始，老科研办公楼不能满足支撑技术和业务发展需求。院班子一直在考虑筹措新建科研办公条件的方案，但囿于种种客观因素，直至我 2009 年初调离也未达成心愿。

　　企盼有期。经过以廉大为为核心的新一届班子周密规划与有力协调，配以一支优秀的设计和施工管理团队，这座功能齐备、赏心悦目的新科研综合楼在 12 号院拔地而起。鉴于院内已有高层 31 栋和 32 栋，新科研综合楼又名"33 栋"。

瞻观、游历其中，回顾大楼建设的许多经历，感慨颇多：

一是关于大楼的规划设计。

12 号院经过多年建设已有多栋永久性建筑存在，除了花园，可用建设用地已经很少，在这种局促的状态下做新楼的规划有诸多约束条件，容积率指标引起的新楼面积约束，北部遮挡引起的限高约束，现有建筑引起的建筑间距约束，原有花园保护引起的建设位置约束，等等，这些约束条件都有独立的技术特征，条件之间又有不可完全分割的内在关联，处理不当会顾此失彼，难言成功。

当然，我们现在所看到建成后的规划效果是非常好的，这都得益于新一届领导班子的高度重视、精心策划及项目主持人和设计团队对各种约束因素的边界条件深入的论证分析，细致地多方案研究比较，最终获得了最大公约数，确定了规划方案。现场我们都可以找到许多设计亮点：如新楼体量在消化了不利因素后，做到了尺度最大化；如建筑定位院区北部，合围了理想的内部共享环境；如老花园和新景观巧妙的融合为一体；再如新老主楼之间联络的风雨通廊等。

二是关于建筑设计。

建筑专业属性是多维度的，从建筑实操上说是工程类，从建筑审美上讲又在艺术范畴，对于一座建筑的评价，往往会有多种视角。新楼建成后，我接触过许多专家和方方面面的人士，都从不同侧面给予了很高的评价。

从设计理念、设计方法上讲，新科研综合楼展现给我们的不是一个应时应景随波逐流的建筑，设计师以其聪明才智把中航院企业特质企业文化这些软性的要求，通过实在的设计语言，明确的设计符号融入了建筑方案之中，让这座建筑既实现了功能要求，同时也能承载得起中航院近 70 年造就的专业技术形象和深厚的企业文化沉淀。

扫描新主楼竣工入驻后的里里外外，科研办公楼的多功能总体设计，简洁舒展的竖线条现代风格立面设计，以业务单元需求支撑的合理流畅的竖向和横向功能布局设计，大堂、科研办公区、会议区、休息过渡区等分区大尺度大开间空间设计，都让人感觉新主楼高效快捷的支撑着业务流程，已然与中航院这个科技型企业浑然一体，不可分割。

三是关于新建科研综合楼的"任务"系统。

建筑只是企业基础工作平台，完成科研设计任务，还需要有强大的"任务"系统。新科研综合楼的建成，为中航院"任务"系统的提升提供了可依托的完善平台。

数字化浪潮到了 21 世纪更加风起云涌，无孔不入地渗透到社会生活的全部角落，工业产品的研制、工程建设的建造过程，已逐渐从二维模拟表达转化成了三维数字表达方式，这是一场数字化革命。工程规划和设计是工程建造、产品制造的起始点，为适应和配合设计对象的数字化进程，工程研究设计方法的数字化已成为不能选择的必由之路。

新时代伊始，在计算机全面普及和应用深化的基础上，院里开始逐步推进科研设计技术数字化进程，意在建立两大类数字化的设计技术体系：一是基于 BIM 的三维数字化建设工程设计系统；二是基于 MBD 的三维数字化工艺和试验验证设施的设计系统。这些将完成设计流程中针对任务的三维建模、三维系统分析、三维数值定义、三维数值传递、多终端网上实时协同等功能。目前，中航院全新的数字化"任务"系统的建设已取得了可喜的进步，并已在具体项目研究设计中开始运用。

始于颜值，落于"任务"，我们可以期待，当院里的两大类数字化设计技术体系全面建成并成熟应用时，新科研综合楼的外颜和内涵会相映成辉。

原航空工业特级专务
原中国航空工业规划设计研究院院长

CONTENT 目录

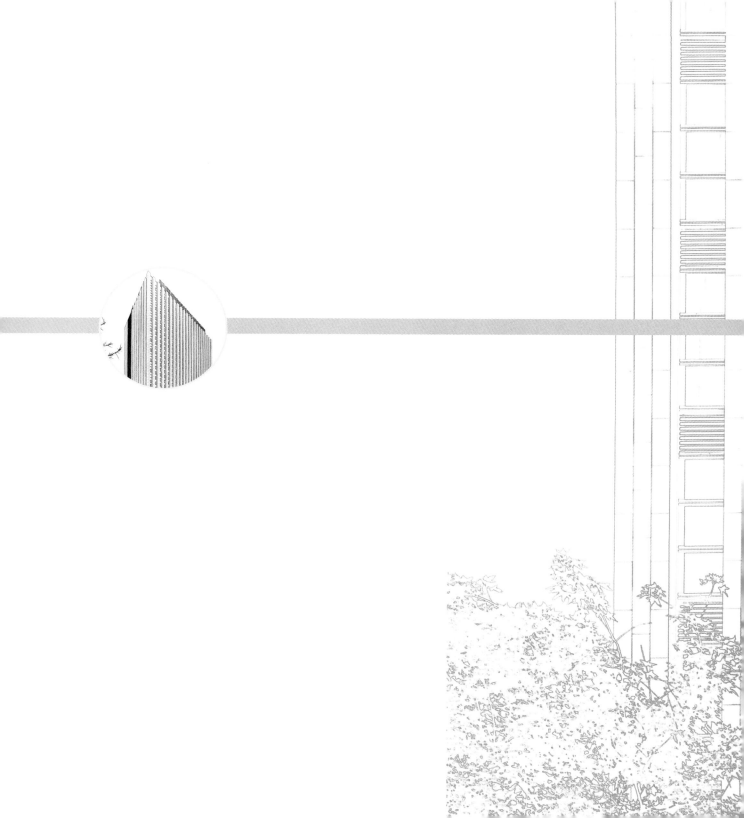

ARCHITECTURAL DESIGN

限定中的创作
——建筑设计

德外大街12号院的发展历史

　　位于北京市德外大街和黄寺大街交角处的德外大街 12 号院是中国航空规划设计研究总院有限公司的本部办公地点，随着历史的变迁已有 60 多年的历史，现院内有三栋主要建筑。沿德外大街的 2 号楼是苏联专家设计的，为典型的工字型体量并使用至今；随着公司的发展、人员的增多，为解决职工居住问题，拆除了原有的礼堂等早期建筑，陆续建了两栋 60m 高的职工住宅楼。现今，2 号楼办公面积难以适应未来的发展，虽然已有部分院所相继搬离 12 号院，依然无法缓解办公面积紧缺的问题，所以新办公楼的建设迫在眉睫。

　　新办公楼的建设曾组织过建筑方案评选，出现了三种用

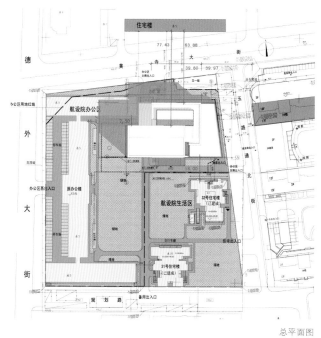

总平面图

地选择方案，一是拆除旧楼，全部沿德外大街新建 60m 高层；二是保留部分 2 号楼，与之结合建设新楼；三是拆除黄寺大街沿街的两栋低矮小楼，利用园区的东北角建设新楼。考虑到 2 号楼的历史价值，兼顾同期建设、生产的可行性，选择了第三种方案。

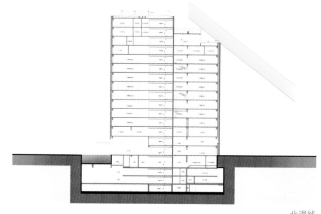

北退线

限定条件下的建筑

新建科研楼的建设用地确定后，最主要的设计难度在于众多的限定因素要满足。

依据《北京市规划委员会的规划意见书》要求，地上面积30000m²，高度不能超过60m，绿化率需要12号院整体核算不小于35%。规划条件看似平常，但由于周边条件的限定，地上建设面积30000m²其实是此块用地的极限。

建筑用地周边包括用地北侧的军队宿舍、东侧的德胜置业住宅、南侧的院内职工住宅、西侧紧邻的2号办公楼。需要考虑的限定因素包括北京市的规划通则中涉及的间距控制、日照间距，以及防火间距和卫生间距。为了能在限定的条件下，尽可能的争取地上面积，需首先框定允许建设建筑的范围，北侧的间距要遵守《北京地区建设工程规划设计通则》，其中有利的间距系数为1.2，为满足这一条件，需首先满足新建建筑高度大于宽度，即建筑体形以塔楼的前提，并保证与东侧的建筑之间的间距需大于新建建筑的长度。与南侧院内的职工住宅楼保证18m以上的卫生间距。东侧的住宅由于其西侧的外窗为此户型唯一的居室采光窗，必须对其按照国家规定日照标准，不能产生不利影响，利用日照计算软件反复推敲建筑的体量，在考虑建筑功能平面利用率的情况下，计算出建筑的占地和体量轮廓。

建筑的轮廓依照限定，一层至四层轮廓最大为3000m²的占地，五层至十二层退缩成1993m²的标准层，为两个矩形相咬合错位的不规则轮廓，十三层至十五层逐步退缩北侧、东侧空间，收缩为1100m²的矩形平面。退缩的部分形成的屋面部分成为设备放置处或屋顶花园，在被动限定条件下也形成了建筑体量变化丰富、室内室外空间交融的建筑特征。

地下室限定设计首先是地下室范围的限定，依照周边建筑以及其基础、和绿化率的要求圈定合理的新楼地下室范围。依照覆土超过3m按照100%计入绿化面积，覆土超过1.5m按照50%计入绿化面积，以及所有车道均两侧停车的经济效率原则，在满足绿化率的同时确定各层地下室的轮廓以及不同的覆土深度。

建筑功能设置

依据建筑在限定下所限的体量范围内排布功能，包括总部办公、高层办公、实体院办公以及与之配套的会议、展厅、图书馆、食堂、中心商网机房、设备机房等辅助功能。

依照相互之间的联系，地下四层至地下二层布置车库和设备机房，地下一层布置厨房和餐厅，一层布置门厅、展厅、图书馆、消防控制室，二层布置国际事业部、中心商网机房、司机班，三层布置260人报告厅、培训教室、贵宾接待室、中小会议室，四层至五层布置总部办公区，五层至十二层布置实体院办公区，十三层至十五层布置行政办公区。

依据不同平面轮廓相重合的部位，确定核心交通、设备间、卫生间等在标准层中的位置，平面则被核心筒分为南北两个区域，南侧空间进深为16m，北侧空间进深为13m，均为无柱空间。在南北的无柱大空间内灵活布置开敞办公、单间办公、会议等功能。

以往，实体院已适应开敞集中办公模式，与进深较大的平面形式比较契合，但总部办公往往倾向于按部门集中办公模式。此次设计，为提高面积利用率，在大进深的条件限定下，我们尝试了打破部门局限，采用各部门联合办公的模式，除特殊部门独立外，其余部门集中在开敞办公区内。

空间设计

受规划限高 60m 的要求，建筑地上 15 层，一层、三层为 4.2m，其余地上层均为 3.9m，室内受层高所限，为避免空间压抑，通过结构、机电管线的排布设计，实现了办公空间 2.8m 净高和会议空间 3m 净高。

对于四层以上的办公空间，除各层设置的接待、会议、办公外，在临核心筒的北侧和东侧 6m 范围内，在不同的层错层连接，形成办公空间中的交流、休闲场所，结合装饰、绿植、小楼梯，成为可游、可停的多功能空间。

流线设计

建筑的流线设计可谓人体的血液循环系统，对于流线中的大流线、小流线和微循环都需要做到通达顺畅。大流线包括员工日常上班的流线，由地下停车库、门厅进入，由电梯竖向联系；访客路线集中于地上一层至地上三层的门厅、展厅、会议区域，设有专属的贵宾电梯以及开敞楼梯联系各层。小流线包括新楼、旧楼到地下一层食堂的进出流线，为避免新旧楼人员就餐流线的拥挤，利用一层过街通道西侧的小门厅和直达地下餐厅楼梯，分散旧楼人流；实体院之间的内部联系可以通过

中庭轴测图1

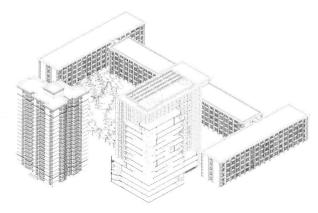

中庭轴测图2

核心筒北侧的小楼梯进行上下层的联系。微循环包括厨房的货运系统、厨余垃圾通道设在地下层，避免与首层的交通干扰；服务人员设有其专属的服务电梯，不穿越公共电梯区和开敞办公，避免对员工的干扰；另外员工去往卫生间的路上可以完成倒垃圾、打水、休息、看宣传栏等一系列的便利功能等。与行为模式挂钩、与功能布局直接联系，是此次流线设计的思考重心。

模数化设计

模数化的设计贯穿设计的始终，竖向以 975mm 为模数单元，既符合石材、玻璃材料的合理尺寸范围又满足竖向的防护和开启高度；水平以 1050mm 为模数单位，外立面的石材、玻璃、陶板均为 1050 的模式，依照外皮推导出柱距，内部的地面分格和吊顶分格。包括开敞办公无吊顶区域的风口、家具为 4200mm 间隔，灯具均为 2100mm 间隔，同样是 1050 的倍数，由外墙到室内装饰、设备、家具均统一在模数体系下进行设计。

精细化设计

在建筑的空间中，有几百平方米以上的大进深开敞办公区等为主体的主要空间，也要有细节空间的利用。地下一层的餐厅有一处通过上几步楼梯到达的区域，通过抬高和顶部天窗处理成为大家喜欢的小就餐区，此处是利用地下车库坡道的上部空间得到的区域；通道日照计算退出的体量屋面，成为了员工休息的屋顶花园，不仅员工多了一处室外空间也成为周边住宅可以远观欣赏的景观；屋顶放置设备区域以格栅围合，利用格栅顶部钢架排布太阳能热水板。

机电、结构的精细设计，是在设计初期制定的专业控制原则。例如消火栓在结构墙和临核心筒墙体设置，不在大空间的轻质墙设置；结构的钢梁可以预留开洞，便于管线布置控制净高；从使用需求出发配置智能化的控制体系，包括人体感应、照度控制、二氧化碳的监测、电梯的智能待梯系统等。

建筑幕墙包括陶板、石材、玻璃幕墙三种体系，遵循模数化的外墙体系，追求简洁的立面效果。石材幕墙为了凸显整体效果在转角处设置了"L"形石材；落地玻璃幕墙在层间部位遮挡结构和管线在玻璃内侧设置了阴影盒内，采用金色的波纹板，形成隐秘部位的精细设计；幕墙开洞的所有区域横龙骨中间设置一条凹槽，凹槽内侧上部为玻璃幕墙体系的出水口，龙骨的细节也是出于功能的设计。

LANDSCAPE
ARCHITECTURE

生态与自然
——景观设计

有限空间的多维呈现

景观设计遵循低影响开发的原则，以生态、绿色、人性化为目标，生态节能技术措施和绿色环保材料在景观细部设计上大量应用，在有限的地块内实现了景观环境的生态、绿色、宜人等多维度呈现。

1）景观设计结合场地条件，充分保留利用原有地形地貌、现状植被，最大限度地保留用地上原有记忆。

2）景观设计结合生态补偿，增加绿地、营造复层绿化、增加植物的多样性、运用多种生态措施，弥补因建设对场地生态环境的改变和破坏，增强景观环境的生态服务功能。

3）景观设计结合绿色基础设施，落实下凹式绿地、植被浅沟、雨水截流沟、渗透地面、屋顶花园等生态设施，控制场地内雨水径流，最大限度地把雨水留在本地块内进行下渗，真正实现了场地的"海绵"生态功能，极大地减少了雨水外排量，具有良好的社会生态效益。同时对建筑屋顶雨水进行收集、净化、储存，并作为景观用水再次利用，实现雨水的灰绿转化。

4）景观设计结合空中花园，在建筑不同高度的屋顶设计了三个空中花园，根据不同的设计条件营造各具特色的空中花园。

景观设计的主要内容可以分为三部分：保留利用、绿色雨水、空中花园。

保留与利用

景观现状资源的保留、利用是一项十分艰巨的任务。

其中包含两部分主要目标：一是对现状绿地与大乔木的整

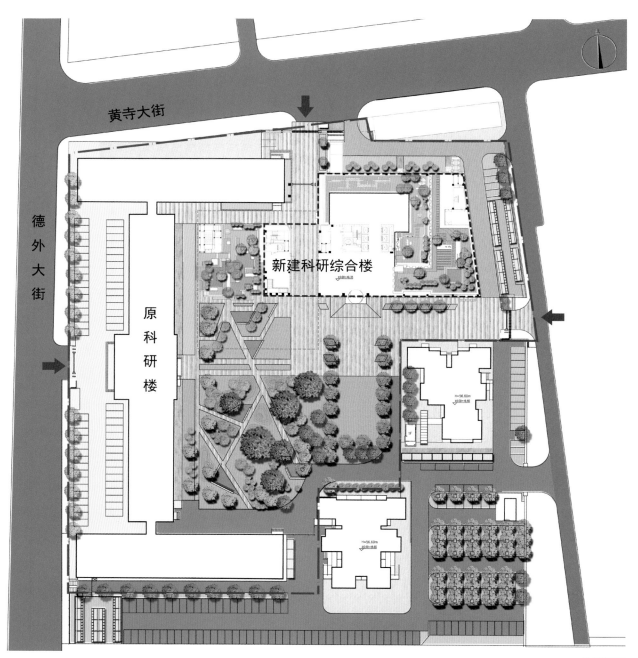

黄寺大街

德外大街

原科研楼

新建科研综合楼

景观总平面

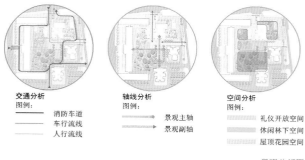

交通分析
图例：
—— 消防车道
—— 车行流线
—— 人行流线

轴线分析
图例：
→ 景观主轴
→ 景观副轴

空间分析
图例：
▨ 礼仪开放空间
▨ 休闲林下空间
▨ 屋顶花园空间

景观分析图

体保留，二是对部分大乔木进行院内移栽（包括 2 棵雪松胸径大于 50cm，6 棵银杏胸径大于 40cm）。

经历了规划与论证、前置景观规划设计方案、保护移栽措施三个阶段。

1.规划与论证

由于项目用地内各种复杂的限制性条件，建筑设计在平面布局时已明确现状多棵大乔木与建筑地下一层、二层区域有重叠，景观专业需先期进入该项进行景观规划设计和专项论证，对现状大乔木的保护性移栽进行可行性研究。

通过对现场条件的踏探、多方论证和专家研讨，院内移栽大树初步论证具有可行性。但超规格的大树移栽对树木的损伤极大，死亡风险高，因此移栽需要措施得当并一次到位，不可在三五年内进行二次移栽。这就要求移栽位置需与最终的景观设计方案相吻合，同时不能在建筑施工通道或堆料场地上，因此大树移栽方案需要满足多方面限制条件。

2.前置景观规划设计方案

景观设计通过对新建办公楼与场地关系的系统分析，以新、老办公楼为中心规划出两条空间轴线，为加强新办公楼的主轴线，凸显其在内院的中心位置和礼仪性，我们在新办公楼前设计了两排阵列的银杏树，一排为利用现状银杏树，另一排为需要移栽的银杏树找到了最佳的移栽位置 。

景观设计整合并扩大了南侧绿地，重新布置消防、车行、人行交通流线，使车行尽量少地干扰内部人行流线，形成人车分流的交通系统。规划人行路径时充分考虑绿地中现状大乔木的位置和观赏角度，选择最佳点位设计观景木平台，提供宜人的林下观景休息空间。

3.保护、移栽

需要移栽的大乔木为胸径 50cm 以上的雪松和胸径 40cm 以上的银杏，移栽成活率低是客观存在情况，再加上移栽施工时间紧迫，无法提前断根养护，度过适应期，场地面积小、障碍物多、移栽施工难度非常大。

我们选择具有大树移栽专项资质的单位，制定了全套的施工技术措施和后期养护计划，以保证大乔木的成活率，经过多方研讨、论证后采用箱板移栽技术进行移栽，保证了移栽树木的成活。

由于内院施工区域十分狭小，还有多棵乔木处于极其危险的环境，如北侧的广玉兰距离建筑基坑仅 1m，老楼东门的银杏树距离基坑也仅有 2 ~ 3m，新建施工管理用房紧贴现状银杏树等，因此对于现状大乔木的保护贯穿了建筑施工的全过程。

大树移栽

地面花园　　　　　　　鸟瞰

4.景观种植与人性化设计

每一棵树都有它的历史印迹，我们保留了每一棵大乔木，从设计角度充分考虑大树现状，在新方案中赋予了每一棵树新的价值，呈现出新的面貌。

种植的设计着重在乔、灌、地被植物的复层种植设计，利用现有大乔木增加中、低层次的灌木和地被花卉，丰富植物设计的季相变化，提升了景观的游赏价值。春季玉兰、海棠、樱花、丁香竞相绽放，夏季香水月季淡淡飘香，秋季五角枫、银杏金叶挂满枝头，冬季雪松挺拔傲雪屹立，四时四季景色变幻，体现"景如画中境、人在画中游"的意境。

人性化的景观设计在便捷的步行交通流线、林下休息空间的设计和屋顶花园的细部设计上，以现状绿地内的观赏乔木为中心，结合人行流线布置林下休憩空间，每一处林下休憩空间都设计有整石座椅和木平台，春季可小坐于玉兰树下看满树花开，秋季可驻足于银杏树下思落叶何处，夏季穿行林下可忽闻玉簪花的幽香。

绿色雨水

在低影响开发理念的指导下，景观设计对场地内的雨水进行了专项生态节能设计，通过渗、滞、蓄、净、用、排等多种生态节能技术措施，提高场地内雨水"灰"转"绿"的生态能力，提升场地内的"海绵"功能。

屋面雨水和道路雨水是建筑场地产生径流的重要源头，易被污染形成污染源，因此合理引导雨水进入生态设施进行下渗、储蓄、利用尤为重要，项目采用的绿色雨水生态技术措施包括：透水铺装、下凹式绿地、植被浅沟、雨水收集设施等。节水灌溉专项设计也是重要的生态节能技术措施，属于非传统水源的合理运用，绿化灌溉水源引自市政中水，采用微喷和滴灌两种节水灌溉技术，实现水资源的节约利用。

1.透水铺装

雨水下渗是消减径流和径流污染的最为有效的途径之一，可以通过透水铺装材料来实现硬质广场区域的有效下渗，减少地面径流量，涵养地下水。最有效的雨水下渗措施包括：透水铺装、下凹式绿地、植草浅沟、屋顶花园。

内院硬质地面的透水铺装面积大于总铺装面积的70%，选用了具有创新专利认证的沙基透水砖为材料，节能环保性能较好，空隙均匀不易被灰尘堵塞，透水的同时有过滤净化水的功能，透水性能中的透水系数 $\geqslant 1.5 \times 10^{-2}$ cm/s，可达 6.8×10^{-2} cm/s。

2.下凹式绿地、植被草沟

地面景观区域的绿地全部采用了下凹式绿地的设计形式，铺装边界均铺设平道牙，通过地面竖向设计，组织广场、道路上未来及下渗的雨水经地表径流进入下凹式绿地中，未来及下渗的雨水汇入植被浅沟进行短暂滞留、存蓄，延长雨水下

生态绿地1

透水铺装1

地面花园　　　　　　　　　　　　　　　　节水灌溉微喷与滴灌

渗的时间，增大下渗水量。汇水面积较小时植被浅沟下可不设排水暗管，汇水面积较大时则要在植被浅沟下铺设排水盲管与雨水管网相连。由于内院铺装面积有限且 70% 以上为透水铺装，因此植被浅沟下并未设置排水盲管，而是基本依靠土壤的自然下渗来提升场地"海绵"的功能。经历了 2016 年夏季"7·21"的短时阵雨的考验，透水地面表现完美，下凹式绿地和植被浅沟蓄水、排水、下渗功能良好，未出现大量积水排放不畅的问题。

3.雨水收集与利用

　　雨水收集和利用包含了海绵城市建设措施中的蓄、净、用三个环节，雨水收集设施布置在十五层屋顶花园，收集的水源来自十七层屋面的雨水，通过管道收集存储在雨水收集箱中，

最大存储量可达 6t，雨水收集箱中包含净化设备，经过处理后水质可达到 1A 级（景观用水标准）。雨水收集箱的出水口和景观溢水槽相连，从景观溢水槽跌落而出的水进入镜面水池，通过重力跌落两次后进入流水景墙前的蓄水池，再通过动力泵循环给流水景墙和石体涌泉，并形成完整的水环系统。观赏水景类型包含了跌水瀑、镜水面、流水墙、涌泉。

4.节水灌溉

　　景观灌溉设计采用了微喷和滴灌两种喷灌形式，均属于绿色节水灌溉措施，灌溉水源来自市政中水。地面景观区采用的是微喷，喷头喷射半径 1.5m，由于喷射范围小，浇洒均匀度好且节水，因此是非常有效的节水灌溉措施，屋顶花园区域采用了滴灌的灌溉方式。

透水铺装

屋顶花园雨水收集流程

一层屋顶花园

空中花园

33 号科研办公楼在屋顶设计了三个屋顶花园，总共面积 1445.23m²。

屋顶花园生态效益把它拆解开来讲包含：生态补偿、节能降耗、减少噪声、改善城市热岛效应、生态截留雨水、生态固碳效应、增加空气湿度、利用水生动、植物进行水体净化。

绿色屋顶的综合利用不但能够减轻建筑对环境的负荷，节约能源与资源，还具有对屋面雨水消纳、净化的作用，减少城市地表径流，降低城市内涝风险。国家大力海绵城市政策，推动着绿色屋顶的普及，它在生态效益、经济效益、社会效益、人文效益等多个方表现出色，给民众提供一个健康、舒适、生态、绿色的空中花园，提高环境品质，减轻城市用地压力，也加速了城市建设可持续发展的步伐。

1.构建屋顶花园的五要素

1）承重：空中花园荷载：十三层、十五层屋面恒荷载为 15kN/m²，活荷载 350kg/m²。

2）土壤：一般园林种植土壤荷载较大，在营养和保水性方面表现不佳，因此屋顶绿化种植首选专门的轻质种植土，对植物生长有利的各种指标均高于普通土壤，保水容重不超过 600 kg/m³。

3）防水：屋顶花园防水构造必须结合阻根材料，防止植物根系破坏建筑结构。

4）排水：屋顶花园排水分为下渗排水和明沟有组织外排两部分，下渗的雨水经过排水板和盲管接入排水明沟，最终多余的雨水通过建筑排水管道排出。

5）植物：植物的安全防护极为重要，由于屋顶土层浅、土质轻，为了防止高大植物因大风而导致从空中坠落，高大植物必须进行安全防护，采用的措施为钢索牵拉。

2.一层屋顶花园——蓝色的水晶盒子

位于新办公楼西侧的地块有 14 组建筑采光井露出地面，在其正下方是建筑负一层的员工餐厅，建筑采光井给员工餐厅提供自然采光。由于该地块在建筑负一层层面结构顶板之上，建筑顶板突出地面，因此建筑的屋面做法等同于屋顶花园的构造做法，要考虑荷载、覆土厚度、排水组织等多种限制条件，加上建筑采光井数量多、体量大且出地面的高度参差不齐，这些综合因素叠加起来给景观设计增加了较大的设计难度。

是在大跨度空间结构板上的屋顶花园，部分机电设备也布置其上，因此结构专业对这一块的顶板进行了加固计算，恒荷载达到 15kN/m²，活荷载达到 350kg/m²。屋顶北侧布置的冷却机组设备占用了约三分之一的屋顶空间。综合考虑大跨度空间结构承载的安全性和屋面已有机电设备的荷载负担，景观在四层屋顶花园的设计中把开敞空间布置在花园的中心区域，以草坪和铺装为主，减轻屋面中心区域荷载需求，节约了结构成本，开敞的屋顶花园又可满足小型室外聚集活动的使用需求，绿地、植被沿屋顶花园边缘布置，形成绿色的围合空间，植被种植区均有花池矮墙围合，矮墙兼具座椅功能，可小坐休息。

景观设计另一难点在于建筑立面雨水的收集与排放，解决办法为在建筑外墙连接花园种植的区域设置 500mm 宽的卵石沟缓冲区，用花池矮墙进行分隔，并在地面基层暗埋排水管网与之连通接入屋面排水口，使雨水沿建筑外墙落入卵石沟并通过排水管网迅速外排，保证屋顶花园不积水。花园种植区域可接收部分雨水，进行土壤下渗与存蓄，土壤在下渗过滤过程中实现初期雨水净化，减少屋面雨水的外排量。

四层屋顶花园

景观设计利用场地高差把建筑采光井区域设计成微型的一层屋顶花园，高出地面标高 1.2m，三面留有进入花园的步道，步行流线的组织和场地空间设计充分结合建筑采光井的位置和标高，形成一个相互连通的私密花园空间。

夜色下一个个散落在一层屋顶花园的方形采光井与景观场地相得益彰，淡淡的蓝光犹如一个个水晶盒子般璀璨。植物设计强化了乔灌地被的搭配，西府海棠、八棱海棠、丁香、白玉兰、香水月季等开花灌木和地被花卉，使得台地花园的植物特色鲜明。种植区的花池矮墙兼具休息座椅的功能，满足短暂停歇的使用需求。

3.四层屋顶花园——樱花芳径、海棠露台

四层屋顶花园位于科研楼大报告厅的结构顶板之上，由于

四层屋顶花园植物品种包括：丛生五角枫、白玉兰、早园竹、日本晚樱、北美海棠、云杉、桃、丛生紫薇、大叶黄杨、北海道黄杨、红瑞木、金娃娃萱草、狼尾草、鸢尾、八宝景天、冷季型草皮。

4.十三层屋顶花园——禅意水景花园

"倚翠竹卧观朝霞、闻灵泉跃于高台"。

屋顶花园打造禅意景观的灵动和空寂，清幽、沉静注入每一颗砂石、每一滴水、每一片树叶，恍如传递着生命的信息。

景观设计把古典园林的空间布置、流线组织和种植设计手法运用其中，景观空间与曲径的游线结合，营造隐含古典园林精神的现代花园。

入口路径收窄营造竹林夹道的意境；花园客厅开敞舒适，背倚竹林面东而卧，可听水、观水、远眺、赏花；踏过镜面水池中间的汀步石上台阶，涌泉传达无尽轮回的禅意；穿过曲径台阶，来到花园尽端的木平台休憩空间，旁边树池中的五角枫是秋季花园里最美的景色。

十三层屋顶花园是唯一设计了观赏水景的花园，观赏水景类型包含了跌水瀑、镜水面、流水景墙、涌泉，幽静的水面加上涓涓的跌水声，形成禅意、灵动的景观空间，营造"画"与"境"结合的景观意境。

水景的水源来自十五层建筑屋面的雨水，通过管道收集和净化设备的处理，存储在雨水收集箱中，雨水收集箱的出水口和景观溢水槽相连，从景观溢水槽跌落而出的水进入镜面水池，通过重力跌落两次后进入流水景墙前的蓄水池，再通过动

十三层屋顶花园

力泵循环给流水景墙和石钵涌泉，并形成完整的水环系统。

景观生态节能技术措施的落地能够加速落实城市生态、绿色、可持续发展的目标。

公司新科研综合楼设计标准为绿色建筑三星级，景观设计是绿色建筑评价体系中的重要部分，在节地与场地生态、绿色雨水基础设施、节水与非传统水源的应用等生态节能技术措施方面成果突出，对绿色建筑的评定做出了积极的贡献。

该项目地面景观为改造，屋顶花园为新建，通过对景观生态节能技术措施和绿色环保材料的应用，真正做到了节地、节水、节材的目标。

景观环境建成效果十分出色，得到各方赞誉，设计方案与实现效果吻合度非常高。

生态节能措施与新材料应用

已获奖项：

2017 北京园林优秀设计奖一等奖（北京市园林局、北京园林学会主办）。

2017 中国"园冶杯"景观设计专业奖大奖（国际绿色建筑与住宅景观协会、亚洲园林协会主办）。

INTERIOR
DESIGN

空间环境的内在表达
——室内设计

功能篇

　　这是一个属于设计师自己的空间，室内设计环节必须做到承前启后，设计者既要勇于追求完美的效果，还要确保实施品质华丽的呈现，得到设计师们的认同是基本的设计目标。

　　设计初期，公司规划部门明确提出了整体布局要满足企业未来五年的发展要求，而当时入驻单位尚未完全确定，

高层平面

在宏观的指导性指标和具体数据的落实上形成了空白地带，有限的设计输入条件，方案选择的多元化，给初期设计工作带来了较大的挑战。针对业主没有明确要求的部分，我们引入了一种模糊化的设计思维，即格局相对固定而功能随时可变的布局理念，以不变应万变，这样既可以在有限的时间内先展开工作，又可以使整体规划指标落地，为后续补充明确的设计条件赢得时间。经过详细分析建筑空间及特性，确定每一处可以作为限定条件的因素，通过对建筑外墙尺度与办公家具模数的测算，利用建筑外墙1：1的窗墙比特点，先从开放式办公空间的平面布置入手，结合宏观的规划指标与建筑立面模数形成某种对应关系，既体现了建筑空间的序列感，又形成了紧凑合理的平面布局。

　　例如，建筑外墙的模数为1050mm，于是利用每行桌组工位与外窗形成倍数关系，经过比选将工位序列确定为以

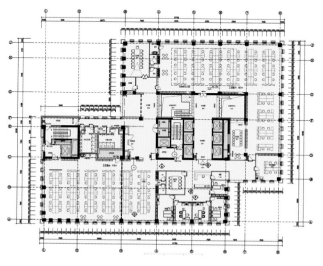

标准层平面

4200mm 为间距的对座式布局方案，这样一来，大空间办公的人数得以确定，可以根据不同的空间规划办公人数。经过几轮优化，各实体单位在楼层的整体布局开始清晰起来，那么管理部门的布置也就自然水到渠成。另外，天花上对应的机电点位也可以随之确立，为机电的落位打下了基础。于是原有的众多不确定因素瞬间迎刃而解，甚至达到了事半功倍的效果。

行政办公空间布局一直是困扰大跨度建筑的问题，高管层位于楼座最靠上的三个楼面，虽然建筑平面向南侧进行了退变，但新规出台的用房标准还是对独立办公布局的设计提出了挑战。如果按照常规走廊和办公室的布局，会造成空间浪费，经过审慎的分析和思考，决定在大走廊和办公室之间加设一道过渡空间。利用所形成的灰空间增加空间的维度，可以作为单元式的入户明堂存在。领导层的办公室门均未直接开在主通道，从而增强了空间的私密性和静逸感。至此，工作空间的格局已初步形成。辅助用房和公共空间的形成均围绕着工作空间展开，从而整体布局逻辑合理、风格统一。

装饰篇

　　为保持整体装饰与企业文化的贴合度，采用极简主义的设计手法，公共空间的设计遵循着一种与建筑思维统一的表达方式，力求简约精致务实，没有华丽的造型和多余的装饰，减法的设计手段将空间切割得干净利索，旨在追求一种整体和谐的品质感。

　　首层大厅明快而庄重，适度的宽高比令空间尺度和谐而自然，大体块的空间造型充满了雕塑感，白色人造石和米色天然理石的撞色混搭使大厅看上去开阔而挺拔，主动的空间留白给后续的软装设计埋下了伏笔。

　　北侧中庭的设置为整个建筑注入了生机，精致而灵动的空间串接起了主要的使用部门，通过光与色的配合，为建筑注入了一种别样的艺术氛围。

　　完整的建筑作品源于建筑师从源头的把控，标准层超过15m 的大开间跨度中竟没有一颗柱子！为实现空间的效果，建筑采用大跨度钢结构形式，顶部结构则采用大跨度钢梁开洞的方式，充满了工业秩序美感的管线从一个个预留的孔洞中穿过，紧凑而合理，为提升室内空间高度和品质打下了基础，整个空间开阔规整，大气恢宏。

　　大开间办公区天花设计为半开放式吊顶，起初设计用黑色珍珠岩涂料整体覆盖，而总设计师却提出了更新奇的想法：能否用机电各自的专业材料诠释不同的黑色？于是天花上，就出现了各种不同质感的黑：哑光的胶塑黑、亮光的金属黑、细腻的水泥黑……，结合漆成红色的消防管道，不同质感的黑加以红色的线性点缀，形成了极具冲击力的视觉感受，每

一个细节的提升，都成就着意想不到的效果，反之如果延续那种惯性思维，也许永远不会有机会见证这艳丽的一抹。难事必做于易，大事必做于细，"魔鬼藏于细节"的哲理再一次得到了印证。

不同专业的工程师可以在此沟通学习，相互交流。当年轻的设计师遇到简单的实务问题，师傅只要默默指指头顶，各种现场疑惑将迎刃而解，此部分的设计简约而实用，设计本身就是利用专业语言汇编出的一本"活教材"。如遇业主来院调研考察，还可以提供良好的参观体验：既体现出我院设计的专业性、实施的把控性，又增强业界对我们的了解与信赖。可谓一举多得，再一次诠释了"少就是多"的设计哲学。

高管办公区通过局部的木饰营造出亲切、自然、和谐的空间氛围，灰色的墙面壁纸突出了院落式办公格局的私密、

宁静和深沉，不同的材质与韵律交相呼应，相得益彰。将设计感、实用功能和建筑语言完美的融合，装饰和陈设又如同建筑的双眼，为建筑注入了灵气。

家具篇

家具设计是室内设计中的重要组成部分，如何在纷繁的家具款式及材质中抉择定位，对室内设计来说又是不能回避的问题。家具的设计既要做到与建筑空间统一融合，又要考虑整体造价的控制，经过反复讨论，最终确立将创新与经验结合，秉承"立于想象之上，成于变换之间"的家具设计理念，完成室内空间的再造。

开放式办公区，如何应对将来由于人员调配带来的功能

调整，一时间成为标准层大开间办公区的设计难点。设计团队借用现代造车的理念，引入模块化平台的概念，既要灵活组合又要便于大规模生产，将之作为家具设计的指导原则。全钢制活动侧柜搭配可随意拆卸的屏风，成功实现了讨论区与工作位的自由转换，侧柜的活动坐垫，给设计团队营造了一个临时沟通的小型讨论区，减缓了会议室及讨论区偏少的压力。实现了简单问题可实时讨论，工区内就地解决。

通道的整面墙柜，在保证数量配置充足的基础上，可实现衣柜与资料柜的随意转换，通高的收纳柜处于每个工区的主通道一侧，整体立面形象也需着重考虑，定制的高级灰柜体在深色玻璃的衬托下规避了柜内凌乱的视觉效果，结合白色哑光的门板突显整洁明快的收纳格调。柜体灵活多变的模块化组合，既可以实现预期的效果，也可以保证背后墙体开关、插座、配电栓箱的正常使用，为保证走廊的整洁与通畅，柜体表面不出现突出的五金，如铰链、拉手、锁具等。为追求"少"的极致，连白色家具上的钥匙手柄都要求做成透明的，室内设计的每一个细节都不能轻易忽视，对于设计师而言，就像对待一件即将示人的艺术品，抱着这样一种追求，最终实现了家具陈设与室内空间、建筑设计近乎完美的结合。

软装篇

光与色仿佛一对亲密无间的密友，色彩的变化可以带给我们视觉上的享受，在某种程度上也会影响着我们的情绪，这些传递与影响都离不开二者的相互映衬，色彩能表现光的感觉，光又决定色彩的变化，色彩与光既对立又统一。透过光与色的交融，体现出软装设计的魅力。

我们都知道，色彩在整个设计行业中扮演着重要的角色，而色彩设计也是软装设计能否高人一筹的重要体现。

如果说硬体装饰追求的是空间呈现，那么软装配饰表达的是打造者的品位与追求，空间和饰物的协调搭配是完美空间的直接体现。不同区域的风格，借个性鲜明的饰品，来表达最丰富的信息，从而使之从空间中跳跃出来，成为视觉捕捉的焦点。

身处钢筋水泥的喧嚣丛林中，自然元素受到现代人的崇尚，被设计师更多的运用到了设计中。秉承着绿色建筑的理念，楼内公共区域将绿植、水、鲜花、光线等自然元素移植到室内，不仅可以净化室内空气，整个环境变得生机勃勃、趣味盎然。通过人与自然的对话，达到情境交融的境界。软装设计能够赋予建筑更多内涵，可以使室内设计鲜活起来，通过对空间氛围的烘托，更容易表达企业文化的内涵，从而实现精神层面的升华。软装设计虽然是室内设计的收官环节，但是永远不会终结，优秀的建筑作为一个有生命的载体，会随着岁月的增长与人共同成长。

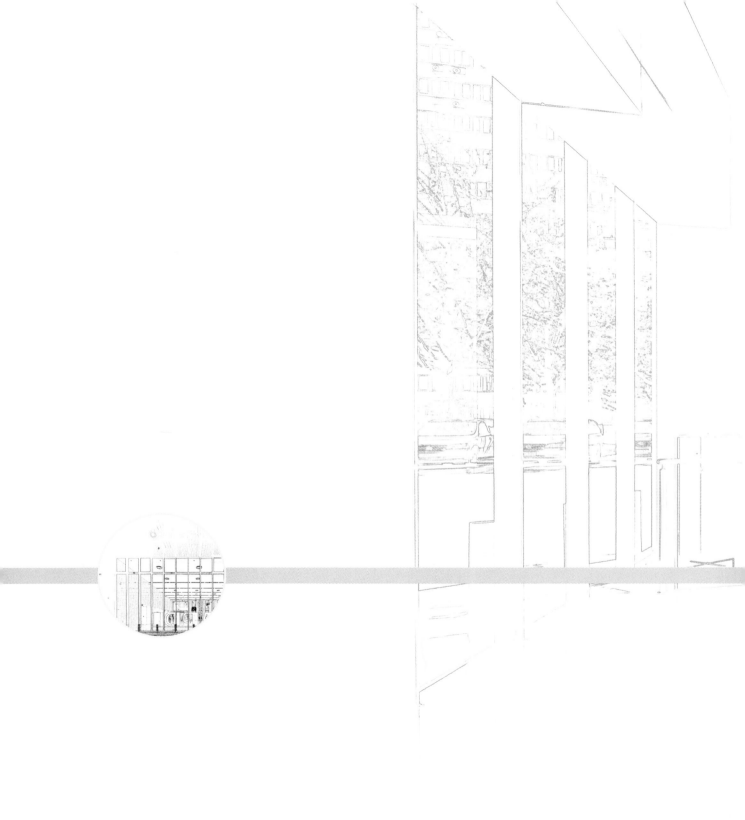

STRUCTURAL
DESIGN

技术成就建筑之美
——结构设计

图1 建筑实景照片

结构设计中的两个难题

在特定的建筑形体中（图2），建筑师为实现室内可用空间效益最大化，将交通核、卫生间沿东西向条形布置，在建筑南北两侧分别留出15.3m跨和12m跨的完整办公空间；在交通核周围灵活设置多个中庭，组织邻近楼层的通过中庭，实现空间共享和人员流动。这种非常规的空间组织给结构设计带来两个难题：

1）建筑面积效益最大化、办公空间净高适宜的需求与结构构件尺度需求的矛盾；

2）小尺度核心筒、楼板缺失与建筑抗震性能的矛盾。

在抽象的空间构想阶段，结构工程师就与建筑师一起思考：围绕业主的核心需求，从空间组织到结构，再到节点、细部，逐步把它具象化，力求做出简洁优雅的作品，是一种界限模糊、紧密合作、取长补短的合作方式。在结构工程师与建筑师的共同努力下，兼顾空间、美学、可实施性、经济性，两个难题得以满意解决。

1.结构创造成就业主的核心需求

在限高、限形体的建筑中，建筑面积最大化取决于能否实现层数最大化，同时业主要求办公区净高不小于2.7m。经过建筑师测算，如标准层层高控制在3.9m，地上可设计出十五层，进而实现建筑面积最大化。12m和15.3m跨办公区的楼盖设计，直接决定了能否实现业主兼顾建筑面积和室内净高的核心需求，是结构工程师和建筑师关注的重点。

3.9m层高、2.7m净高意味着扣除建筑110mm面层厚度

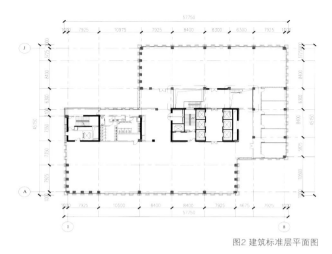

图2 建筑标准层平面图

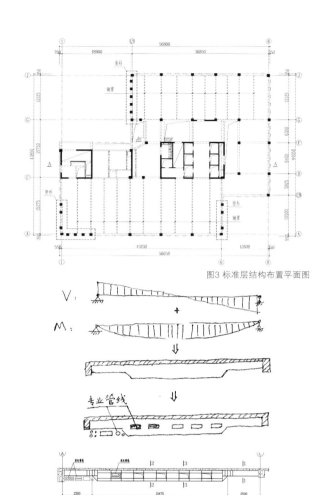

图3 标准层结构布置平面图

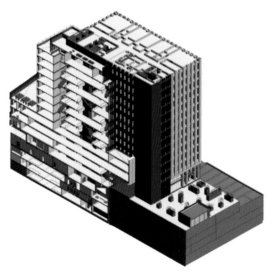

图4 BIM模型A-A剖轴测图

图5 钢梁示意图

后，留给结构梁板和机电管线的总高度仅有 1.09m，需在这个高度内解决 15.3m 跨的楼盖承重、管线排布的问题，且保证建筑的抗震性能。

经过慎重考虑，结构工程师参考超高层建筑楼盖手法，在 12m 和 15.3m 跨办公区范围内，边框架柱与内框架柱、核心筒间不设框架梁，采用便于穿越设备管线的组合钢梁。钢混凝土组合梁可充分发挥钢材强度，结构轻巧，造价经济；钢构件造

型灵活，可实现较好的外观；节点构造简单，有利于保证结构的施工进度和质量。边框架与核心筒间不设置框架梁，对整体结构的抗侧刚度影响很小，可采用其他手段解决这个问题。

结构构件的理想形状是与外荷载作用下产生的内力一致，典型案例是巴黎的埃菲尔铁塔，塔的结构形体即其所受风荷载弯矩图形。钢梁在均布恒、活荷载作用下，剪力和弯矩图见图5，根据钢梁的受力特点，梁端高度取决于梁端剪力，梁跨中高度

取决于梁跨中弯矩，据此可拟合出钢梁的理想形状。以 15.3m 跨钢梁为例，经反复核算，跨中较合适梁高为 850mm，此时以较低的用钢量即可满足强度和舒适度的要求，梁下高度适宜，钢梁开孔率较高。两端约 2.5m 宽范围内梁高减为 450mm，跨中腹板处根据规范构造要求，满预留 750mm×400mm 的结构洞，组织机电干管主要排布在梁端区域，机电管线的支管主要排布在结构洞内，对机电专业也很合理、规整。最终结构梁下无管线，15.3m 跨钢梁跨中约 10m 宽度范围内空间净高 2.8m，两端约 2.5m 宽范围内吊顶下净高 2.7m，满足并优于业主对建筑面积最大化和室内净高适宜的核心需求。

考虑到办公区主要区域不设吊顶，钢梁直接外露，施工图设计中控制各钢梁的外轮廓尺寸和开洞位置严格一致，规律、对称布置预留洞口，洞边补强钢板竖向、水平向拉通设置，增加了钢梁的稳定性，视觉上也更规整，配合机电管线，形成和谐、清晰、有序的空间纹理，见图6。

由于钢构件采用非常规手法，端部变截面，高开洞率腹板，且按组合梁进行设计，受力情况复杂，除按规范方法计算外，采用 MIDAS Gen 软件，对构件细分，按几何非线性有限元方法分析，小心求证。分析表明，钢梁腹板和下翼缘局部出现应力集中，通过设置加劲肋的方式，保证腹板及翼缘的局部稳定性；混凝土楼板底部将出现拉应力区，通过在钢梁顶部设置暗梁，可以承担楼板底部出现的拉应力，暗梁即在构造上加强了钢梁与混凝土楼板的连接，又加强了边框架柱与核心筒、内框

图6 室内实景照片图

架柱的连接，一举两得。

与传统混凝土楼盖相比，钢-混凝土组合楼盖自重较轻，更容易出现在振动激励（人员起立、走、跑、跳等）下，使用人群不舒适的情况。在施工图设计中，钢-混凝土组合楼盖的舒适度也是控制的重点。根据 MIDAS Gen 软件分析，第一自振频率的理论计算值为 4.60Hz，楼盖振动峰值加速度的理论计算值为 $0.0296 \sim 0.0389 m/s^2$，既优于我国规范的要求（3.0Hz，$0.05m/s^2$），也优于国际标准化组织（ISO）的标准（图

图7 组合钢梁轴测图

图9 组合钢梁混凝土板顶应力图

图8 组合钢梁应力变形图

图10 组合钢梁混凝土板局部应力图

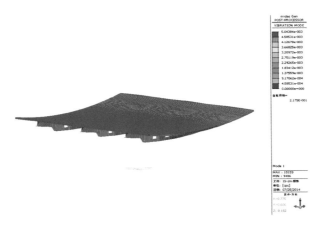

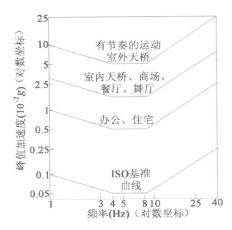

图11 组合楼盖第一自振频率计算结果　　　　　　　　　　　　　　　　　　　　　图12 ISO关于楼盖舒适度的规定

11、图12）。

2.结构抗震构件与建筑形体的融合

利用交通核，设置核心筒抗震，是高层办公建筑的传统设计手法。但建筑标准层平面尺寸为57m×45m，两个核心筒尺寸为8m×7.5m、17m×9.5m，核心筒平面位置偏置，Y向宽度占建筑物总宽度的1/5~1/6，尺寸偏小，为保证办公空间通透，边框架与核心筒未设置框架梁，造成主体结构抗扭刚度和Y向抗侧刚度均偏弱。

为解决抗震的问题，结构工程师参考超高层设计中"外筒"的概念，结合建筑立面玻璃、石材虚实相间的特点，在建筑周边"实"的部位，避让主入口大厅、消防通道、车库出口等重要部位，选择性嵌入密柱（图3），配合核心筒、边框架，提高主体结构抗侧、抗扭刚度，形成良好的抗震体系，这样的安排不影响室内空间的通透性，施工方便，造价经济，以简洁手法解决抗震问题，实现了小核心筒、通透大空间的建筑布局。

楼板之于主体结构，类似竹节之于竹的作用；是保持竖向构件稳定，保证水平力的传递和分配的重要抗震构件，而建筑师希望在各楼层核心筒周围错落布置二~三层通高的中庭（图3、图4），实现各楼层空间共享和人员流通，二者存在矛盾。为避免结构出现楼板局部不连续，影响结构抗震性能，经与建筑师充分沟通，控制各层楼板有效宽度均大于50%（结构大师

们能接受的经验数据），并保证每二~三层有一层连续楼板，同时在中庭边无核心筒的部位（G轴）增设抗震墙。通过以上措施，既实现了建筑师希望的空间效果，又保证了主体结构的抗震性能。

结构设计中的"大局观"

一件优秀的建筑作品，是各个专业通力配合、协调，反复推敲的结果；一个优秀的工程师在精通本专业的同时，还需要了解其他专业，理性、全面地考虑工程问题。

1.考虑综合效益

结构工程师对工程造价的控制，不限于对结构专业自身的控制，而是对建筑能获得的效益予以综合考虑。地下车库楼盖所采用的结构体系，即为综合考虑比选的结果。

本工程地下共四层，地下二至地下四层楼盖均采用无梁楼盖的结构形式（图13）。无梁楼盖不设梁，是一种板柱结构，与传统楼盖相比，无梁楼盖结构美观，建筑室内空间更为通透，机电管线可方便的排布于柱帽之间，地下室的建筑观感好。采用无梁楼盖，可有效降低建筑层高，本工程与建筑师协商，地下二至地下四层层高由3.8m减至3.5m，地下室埋深减小约1m，故带来一系列优势：

1）本工程与既有建筑贴建，且属超深基坑，施工难度大、费用高，开挖深度由18m减小到17m，有效降低了基坑支护和降水费用及由此带来的风险；

2）建筑层高减小，地下室建筑和结构墙体、保温、防水、机电等一系列费用相应降低；

3）与传统楼盖体系相比，无梁楼盖施工方便，节约了施工费用，缩短了施工周期；

4）结构厚板的自重增加更有利于抵抗地下水浮力；

5）减少了基坑开挖的土方工程量。

最终车库内主要范围内净高达2.5m，优于大部分既有建筑，给使用者以良好的体验。虽然与传统主次梁楼盖相比，钢筋、混凝土用量有所提高，但整体费用大大降低，并缩短了施工周期，取得了良好的综合效益。

2.按"通用空间"预留荷载

"通用空间"的概念正越来越多的运用到办公类建筑的空间设计中。该概念源自建筑大师密斯·凡德罗，意为在流通空间中，可布置、改造成任何使用者想要的形式。

科研楼的使用者为公司的多个部门和实体单位，使用需求存在较大差异，随时间的发展，各部门的使用需求会发生变化，各部门的办公地点存在流动的可能，非常适用"通用空间"的概念。因此结构工程师决定这样设计。严格按荷载规范的要求确定使用荷载，表面上看起来是经济的，但在建筑投入使用后，可能因建筑隔墙布置改变造成结构被迫加固，既需经济投入，又影响使用。在满足现行规范的基础上，每平方米多考虑1kN的使用荷载，由2.0kN/m²提高到3.0kN/m²，在结构自重及恒、活荷载的共同作用下，1.0kN/m²在其中占比并不大（如地震作用因此增加约3.5%），这样的做法对整个建筑造价的增加很有限，带来的效益却是未来建筑空间组织的极大丰富。

深基坑设计

本基坑开挖深度达17.0m，属于超深基坑范畴，基坑支护

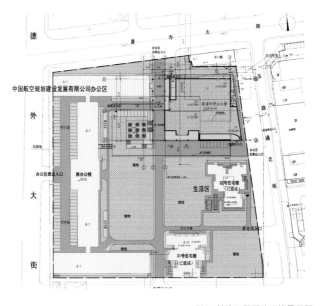

设计存在一系列技术难点，主要包括：

1）基坑周边紧邻32号住宅楼、中航规划老办公楼、又一顺饭庄等多栋建筑物；

2）开挖深度范围内土层以粉质黏土层为主，交互粉土层、

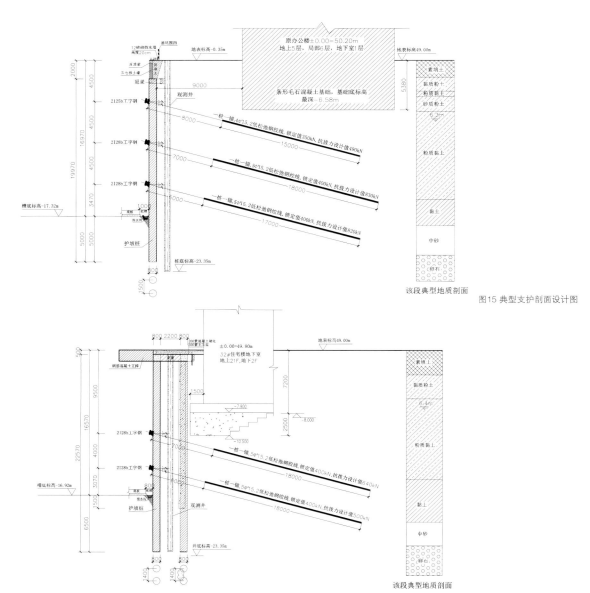

图15 典型支护剖面设计图

图16 32号住宅楼位置支护剖面设计图

图17 基坑东南侧收土和
32号住宅楼

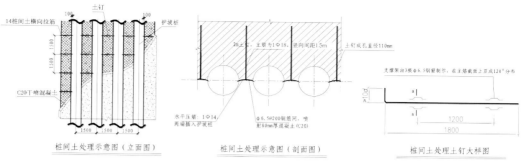

桩间土处理示意图（立面图）　桩间土处理示意图（剖面图）　桩间土处理土钉大样图

图18 桩间土支护设计图

砂卵石等地层，工程地质条件复杂；

3）地下水埋深较浅；

4）场地内及周边道路地下管线埋藏复杂，主要有电力、热力、污水、雨水、上水、通信及不明管线，基坑开挖过程中部分管线进行了拆除和导改；

5）基坑东侧围墙外为市政道路；

6）施工场地狭小，工程量大，资源投入大等。

其中，基坑东南侧拟建地下室距离32号住宅楼不足5m，基坑支护的设计重点要对考虑这栋高度60多米、地上21层、地下2层的住宅楼的影响和保护；基坑北侧拟建地下室距离办公楼也仅为5.20m，距离又一顺饭庄4.50m，也是基坑支护设计的重点。

在充分调研、分析后，确定了基坑支护设计方案：整体采用桩锚支护形式，上部采用土钉墙支护、砖砌挡墙支护等形式，32号住宅楼区域采用了双排桩＋锚杆支护形式，根据场地地层条件、周边建筑物布置、场地使用条件等的不同划分了10个基坑支护剖面，进行了详细的设计、计算、分析和施工图绘制、专家评审等工作。

基坑支护桩锚支护体系采用直径0.80m的灌注桩，桩间距为1.50m（局部调整为1.40m），双排桩区域排距3.00m（增加了嵌固深度），竖向设置了3道预应力锚杆，长度为23.00～25.00m。

基坑地下水控制采用导渗降水井的方法，将基坑内的地面水、上层滞水、孔隙潜水等，自行下渗至下部透水层中消纳或抽排出基坑。基坑南侧区域除采用双排桩＋2～3道预应力锚杆支护外还设置高压旋喷桩帷幕，进一步减轻基坑开挖和降水对32号住宅楼的影响，并设置了内支撑进一步控制基坑支护体系变形，采取了多重措施保证建筑物的安全稳定。

预应力锚杆设计上除了基本设计参数外，设计要求施工采用套管钻机成孔、二次劈裂注浆工程，既增加锚杆锚固力，又对钻孔周边扰动土体进行了加固，保证基坑周围土层的稳定。

考虑基坑工程过冬和桩后土体冻融问题，为减轻季节性冻融对基坑和周边环境产生不良影响，加强桩间土支护强度，未沿用常规挂钢板网锚喷做法，采用了现场编制钢筋网片，桩体打孔埋设水平加强筋的新工艺。

综观本建筑的结构设计，对建筑空间、细节和结构的可实施性、经济性深度考究，灵活采用结构设计领域的相关技术，以简洁的设计手法，取得了良好的空间效果和经济效益。

WATER-SUPPLYING-
DRAINING DESIGN

自然资源与可持续应用
——给水排水设计

科研综合楼工程给水排水专业设计统一考虑项目用水规划以及水量平衡，各水系统间的协调、联系，以合理的投入获得水环境最佳的经济及环境效益。着重从选用经济合理的系统方案、节约用水、保护环境、水资源的可持续利用、可再生能源的利用等方面进行了重点研究。

给排水设计概况

水源为城市自来水，黄寺大街和五路通北路有市政给水干管，管径 DN300，可不间断供水，供水压力不低于 0.28MPa。本工程已从北侧及东侧各接一根 DN150 的引入管，在围墙控制线内，经水表井后，在院内形成消防生活共用给水管网。

室外采用生活污水、雨水分流制排水的管道系统。本工程北侧黄寺大街设计有市政雨水及污水管线，允许本工程污水排入。

本工程采用的系统主要有给水系统、中水系统、雨污水排水系统、太阳能热水系统、雨水利用系统、消火栓系统、自喷系统及气体灭火系统。

给水排水设计着重从选用经济合理的系统方案、节约用水、保护环境、水资源的可持续利用、可再生能源的利用等方面进行了重点研究。

选用经济合理的系统方案

本建筑采用分区供水的方式，生活供水系统分为三个区，

地下四层～地上三层为低区，由市政给水管网供水。地上四层～十层为中区，十一～十五层为高区，由设在地下二层的管网叠压供水装置供水。

中水系统分区和生活供水系统相同，冲厕及浇洒绿地用水采用市政中水（本工程周围有规划市政中水供水管道）。由于中水原水量小于 50m³，只设计中水管道系统，不设置中水处理站。

根据《民用建筑节水设计标准》GB 50555-2010 选取的节水定额是采用节水型生活用水器具后的平均日用水量。根据节水用水定额计算本项目年用水量。生活给水节水用水量计算如表 1 所示，中水节水用水量计算如表 2 所示。表 3 是本项目 2017 年 1 月生活给水及中水用水量实测值。

表1 生活给水节水用水标准和用水量

用水单元	用水单位数	用水指标	用水时间平均日用水量（m³）	年用水时间或次数	年用水水量（m³）
办公盥洗	1600人	15L/(人·d)	24	250d	6000
冷却塔补水	10h	14m³/h	140	60d	8400
餐饮	1600人次	20L/(人·次)	32	250d	8000
小计			196	—	22400
未预见水量	以上各项之和的10%		19.6	—	2240
合计	—		215.6	—	24640

注：冷却塔在5月至9月使用。

表2 中水节水用水标准和用水量

用水单元	用水单位数	用水指标	用水时间平均日用水（m³）	年用水时间或次数	年用水量（m³）
办公冲厕	1600人	25L/(人·d)	40	250d	10000
绿化灌溉	8206m²	0.5m³/(m².a)	—	1a	4103
道路浇洒	4700m²	0.5 L/(m².次)	—	200次	470
小计	—	—	—	—	14573
未预见水量	以上各项之和的10%				1457.3
合计					16030.3

表3 2017年1月给水中水用水量表

2017年01月用水量历史数据查询报表			
时间	总水量（t）	中水（t）	给水（t）
01日	11	9	2
02日	21	8	13
03日	55	25	30
04日	59	27	32
05日	62	30	32
06日	73	42	31
07日	50	41	9
08日	24	10	14
09日	67	27	40
10日	68	28	40
11日	71	35	36
12日	68	30	38
13日	68	27	41
14日	19	7	12
15日	26	9	17
16日	63	25	38
17日	67	31	36
18日	66	29	37
19日	60	27	33
20日	62	25	37
21日	21	4	17
22日	61	25	36
23日	56	25	31
24日	54	25	29
25日	47	20	27
26日	18	8	10
27日	1	1	0
28日	0	0	0
29日	0	0	0
30日	1	0	1
31日	3	0	3
合计	1322	600	722

根据上述数据可以看出，实际用水量接近设计用水量且留有一定余量，说明给水系统技术方案选择经济合理，既保证运行安全，又节省了投资。

绿地浇洒及冲厕用水采用市政中水。设计要求非传统水源利用率不低于40%。从表3可以得出非传统水源利用率为45.4%，达到了原设计要求。同时满足建筑绿色三星运营标准。

给水入口、制冷站、水泵房及各层卫生间等分级设置水表，所有水表采用远传水表，数据上传至大楼能源管理系统，可以实现实时和任意时间段的水量计量。

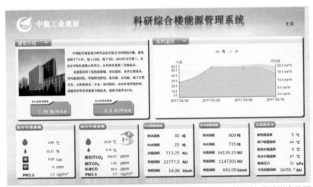

图1 能源管理系统演示图

图2 自喷

节约用水

采用节水技术及设备，节约水资源，降低水处理的成本。本项目内卫生器具100%选用节水型卫生器具及配水件。节水器具应符合《节水型生活用水器具》CJ 164-2002的要求。

图3 十二层屋顶花园雨水处理设备及水景图

图4 水泵房

| 十五层屋面雨水 |
| 十二层屋顶花园绿化 |
| 十二层屋面雨水 |
| 四层屋顶花园绿化 |
| 四层屋面雨水 |
| 地面绿化带 |

图5 屋面雨水收集处理

卫生间坐便器采用设有大、小便分档的冲洗水箱 (水箱容积为 6L)；蹲便器、小便器采用自动冲洗阀；水龙头采用自动感应式水龙头或加气节水龙头。所有卫生器具均采用性能良好耐用的陶瓷片等密封材料。

室外绿化灌溉方式采用微喷灌，喷洒半径不超过 5m。在节水灌溉的同时，避免因中水喷灌所导致的气溶胶传播病菌问题。

水资源的可持续利用

充分利用项目内及周边的各种水资源，保证项目有足够的不同用途的供水量，以及本着低质水低用、高质水高用的原则分质供水，做到水资源的再生及循环利用。

本项目供水水源由两部分组成：市政自来水和市政中水。办公冲厕用水、室外绿化灌溉用水、道路浇洒用水均采用市政中水供给，其余用水由市政自来水供给。

保护环境

尽量减少向项目自身及周围环境排放的水污染负荷，保护项目的水环境，通过项目水的生态循环达到提高项目水环境质量及提供优良办公条件的目的。

本项目地上部分污水直接排至室外污水管道，厨房含油污水经隔油器处理后排入室外污水管网。地下各层污废水排入集水坑，经潜污泵提升后排入室外污水管网。生活污水汇集后经钢筋混凝土化粪池处理后，排入黄寺大街上的污水管道预留井。

屋面雨水采用重力流内排水系统，屋面雨水由 87 型雨水斗收集经处理后用于屋顶绿地浇洒。雨水设计重现期采用 5 年，雨水管道与安全溢流口的总排水能力为 50 年重现期的排水量。

雨水利用采用就地入渗方式。绿地区域地面标高低于道路及广场区域 5~10cm，形成下凹式绿地，以此增强雨水入渗能力。

屋面雨水收集处理后用于屋顶花园的景观用水。本项目收集 15 层的屋面雨水（汇水面积 1200m²），雨水经处理后用于 12 层屋顶花园水景系统的补水，雨水弃流及处理设备设置于 12 层屋顶。处理设备工艺流程见图 6。

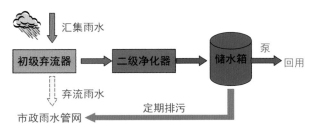

图6 雨水弃流及处理设备流程图

雨水处理系统下雨时利用屋面雨水的重力势能即可自行运转，平时用于景观水体的循环处理。整个系统占地较少，运行节能高效。

屋面雨水排放采用梯级排放利用方案，15 层屋面雨水排至 12 层收集利用，12 层绿化屋面雨水排至 4 层绿化屋面，4 层屋面雨水排至地面绿化带。

绿化屋面可以截蓄 10%~15% 的雨水水量，并且可以对初期雨水进行初步处理。雨水梯级排放利用可以逐级削减雨水峰值流量，最大限度地减少排放，减轻环境污染，与现今海绵城市的设计理念是契合的。

可再生能源的利用

太阳能是永不枯竭的清洁可再生能源，对于年日照时数大于 1400h，年太阳辐照量大于 4200MJ/m² 的地区，可以考虑采用太阳能为热源。北京市为太阳能资源较富区（Ⅱ区），年辐照量 5844.4MJ/m²（纬度倾角平面）；年日照时数为 755.5 h。是适宜采用太阳能系统的地区。

本项目总高 59.9m，地下 4 层，地上 15 层。其中地上 1～4 层共设 5 个卫生间，10 个热水用水点；5～12 层共设 8 个卫生间，16 个热水用水点；13～15 层共设 12 个卫生间、单人淋浴间，12 个热水用水点。地下一层及地下二层设有员工食堂及公共浴室。

按测算，上述用水点热水日用水量为 28.8m³。其中地下部分热水日用水量为 16m³。地上部分热水日用水量为 12.8m³。

其中地上部分如设置集中热水供应系统，需增加两套热水循环设备、四台燃气热水器（北京地区不推荐采用电热水器作为集中热水系统热源）以及相应热水管线，热水机房面积 40m²，一次投资约为 100 万元。由于地上办公部分生活热水用水点非常分散，每个用水量较小。如为保证热水出水不超压，热水系统竖向要分为两个区。同时为保证各用水点随时能供热水，这两套供水设备及加热设备必须每天 24h 运转，空转维护费用较高。由于地上部分用水时间一般在 10h 左右，在非工作时间内仍然需要不间断循环运行，不利于节能。同时地上热水用水点较为分散且用水量不大，小的用水量相对于高层建筑庞大的管网系统和维护成本而言，非常不经济。

经论证，地上卫生间热水系统采用局部热水供应系统，在每个卫生间热水用水点设置电热水器。此方案优点是一次投资及运营费用少，热水供应系统的无效冷水出流量很少。

地下部分生活热水设置集中热水供应系统，采用太阳能强制循环间接加热系统，日供应 60℃热水 16m³，热水机房设在地下一层厨房，太阳能集热板设在十六层屋面。流程如图 7 所示。

本建筑厨房生活热水设置集中热水供应系统，采用太阳能

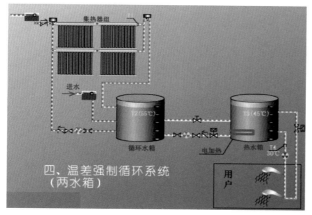

图7 太阳能热水系统流程图

强制循环间接加热系统（双水箱），日供应 60℃热水 16m³，太阳能集热板设在十六层屋面，集热热媒工质采用防冻液。冬季运行十分可靠，且不需要设电伴热等耗能防冻措施。太阳能热水机房设在地下一层，紧邻热水用水点。供水稳定可靠，系统换热效率高。系统设计燃气热水器作为太阳能系统的辅助热源。

热管太阳能系统安装 95 组 P-G/0.6-L-1.98 的平板型集热器，总集热面积为 194.04m²。在集热器倾斜面上年日均辐照量 17210KJ/m²，全年太阳能保证率为 48.24% 的条件下，每天满足将 16 吨水从基础水温 13℃升高到 60℃，阴雨天气及太阳能辐照不足时由辅助热源辅助供热。

系统设计热水机房设在地下一层厨房，设有热水水箱、变频调速供水装置 1 套、集热循环泵两台（一用一备），循环泵的启停由其入口端的电接点温度计控制。

热水管路采用双管同程式系统。该系统在回水管路上设计安装温度传感器时刻探测管路的温度，当管路的温度低于设定值时，回水管路上的电磁阀自动打开，循环泵在短时间内置换管路内较低温度的水。保证了热水管道内的供水温度，完全实现恒温供热水。当管中温度降低或用水前，对供水

管道内的水进行一次循环。热媒供回水管上设置热计量表，可以实时监测节能数据。

同时由于高层建筑屋面设备众多，能够用于布置太阳能集热板的位置极少，因此需要进行太阳能光热一体化设计。

太阳能热水在建筑中一体化主要是从建筑学的美观上要求，太阳能热水系统不是一个孤立的系统，需要将其融入到建筑的构件中。最常见的是将太阳能集热器与建筑的屋顶、墙体和挡雨棚等联系起来的一体化。在太阳能热水系统和建筑一体化的过程中，应该从一开始的设计到最后的验收和管理同步进行，以达到建筑能和建筑美学的双重要求。近年来，随着太阳能光热理论和实验研究的不断发展，太阳能用于生活热水系统的技术也趋近成熟。除了居住建筑使用集中式太阳能热水系统之外，越来越多的高层公共建筑也在进行太阳能光热一体化的设计实践。

本项目屋面利用屋面装饰架布置太阳能集热板，这样布置既不影响集热板光照效果，又利用集热板矩阵式排布遮挡屋面其他设备，保证建筑第五立面整齐美观，如图 8 所示。

图8 屋面太阳能集热板

HVAC DESIGN

建筑环境与能源
——暖通设计

科研楼作为公司对外经营、交流、展示的重要窗口，建筑本身应成为绿色节能环保的典范。项目开展过程中，立足建筑环境与能源应用，以安全、可靠为基本原则，以绿色节能与环保为主导理念，从分析本建筑内部环境、外部环境、能源应用基本点出发，以满足不同区域功能使用需求为主线，注重投资、可实施性、运行调试、收益等综合因素，从冷源到末端，从控制到调节的各个环节，始终贯穿"四适原则"，实现节能环保。

绿色节能环保的理念

绿色节能技术名目繁多，诸如：地源热泵、冷热电三联供、温湿度独立控制、地道风、新风热回收等，但不同区域的资源利用方式和适宜性存在较大差异，不能盲目采用，应具体分析合理使用。

空调节能不是新技术、新设备的罗列，更不单是节能概念的引入与节能亮点的闪现。空调节能应注重其节能技术应用的合理性，四适原则更能体现空调用能的合理性。四适原则即：适值，按需确定能源品种，防止高值低用；适量：提高能源转换效率，降低绝对消耗量；适时，提高用能系统的自动监测和控制水平，实现"只在需要时供给"；适处，提高设计和规划的精细程度，确保只向有需求处供给。

在当前全球共同关注绿色、节能、环保环境下，设计实施工程中，充分理解分析内部和外部环境条件与需求，贯穿"四适原则"，避免工程在设备、材料、运行等资源的浪费，贯穿全生命周期看待工程能效的始末。

"点"到"线"

图纸设计是建筑的关键节点和因素，但设计的思想不仅仅停留在设计阶段"点"的纸面上，对于绿色节能设计更是不能仅停留在绿色标识上。

绿色节能最终体现在运行实效，绿色设计、绿色建筑、绿色建造均是投资过程，实现绿色运行，才会将绿色设计、绿色技术的特点发挥，形成长期累积的节能、绿色效应。因此，设计是一条完整的"线"。当仅停留在一点上时，结果往往会"事倍功半"。

同样，质量是产品的生命线，既然是"线"，那就要贯穿于始和终以及中间环节的全过程。

项目的节能技术特点

盘点本专业的技术特点，引入了如下技术措施：一次泵主机变流量系统；末端盘管内、外分区设置；新风系统按南、北朝向分设系统；低温热水地板辐射采暖系统；空调双风机系统；新风热回收系统；大厅自然通风的利用；二氧化碳浓度、一氧化碳浓度探测；冷量、热量的计量与分析；风机盘管的网络化控制；空调系统 PM2.5 有效处理；重要区域双系统的设置等。

一次泵主机变流量系统

冷源在空调总能耗和投资中占有很大比例，因此冷源的形式与选择非常关键，本项目主冷源采用了高效的水冷冷水机组，为变频离心式冷水机组，单台机组输出冷量调节范围为15%~100%，通过变频技术解决了15%~50%范围内容量调节的喘振和低效问题。主机冷冻水量可在30%~100%之间调节。

水流量实现"所供即所需"

本空调水系统采用了一次泵主机变流量系统形式。同一次泵主机定流量系统、二次泵变流量系统相比具有如下优点：

同一次泵定流量系统相比，末端负荷侧流量变小时，冷水机组和水泵也会随着变小，最大限度地降低了系统的能耗；

同二次泵变流量系统相比，一次泵变流量省去了一次泵（定速泵），节省了初投资，节省机房面积；

消除了一次泵定流量和二次泵系统的"低温差综合征"，使冷水机组高效运行；

运行费用较小，比二次泵节省6%～12%，比一次泵定流量省20%～30%；

同样，冬季供暖的水系统，采用了变频水泵，根据末端实际需求，自动调节输出频率，避免"大马拉小车"。

末端系统分区的设置

标准层大开间办公区其进深较大，风机盘管按照内、外分区布置，新风机组提供的新风送至内区；在夏季，内、外区风机盘管、新风机组全部处于供冷状态运行；在冬季，外区风机盘管供热运行，内区当温度超过舒适温度时，关闭风机盘管，通过新风机组将室外新风处理到何时温度送入室内对内区进行降温，起到节能运行的作用。

明装区域的空调管道和风管，采用了外观平滑硬质防护措施。水管保温后外包铝板保护，起到压紧保温，避免开胶从而造成冷凝水滴漏，同时起到美观作用。明装区域的风管采用了双面彩钢板，内夹离心玻璃棉风管，美观光滑，易于清扫卫生。

新风系统按南、北朝向分设系统

南北朝向，在不同的季节存在不同的冷热需求，尤其是过度季节，受太阳辐射影响，南侧出现冷需求，而北侧则无需供冷。

为避免过渡季节冷机运行造成能量浪费，通过新风降温，南、北侧新风系统分区设置，解决南北侧差异。

为解决机组过多，机房占用面积过大问题，新风机房隔层设置，每台机组上下负担多层。

低温热水地板辐射采暖系统

一层入口大厅空间较高，且冬季有外门冷风侵入，容易产生较大温度梯度，结合此特点，设置了低温热水地板辐射采暖系统。供暖时室内垂直温度梯度小，舒适度得到提高，而且，围护结构上部的热损失减少，室内没有明露的散热设备，不仅不占建筑面积与空间，且便于布置家具和悬挂窗帘，也不会污染（熏黑）墙面。供暖效果优于对流供暖。

由于有辐射强度和温度的综合利用，供暖负荷可减少约15%，提高舒适性的同时又减少了能耗。

空调双风机系统

餐厅、报告厅等人员较多房间采用的是全空气空调系统，系统采用双风机双变频形式，可根据室内外参数变化，对机组送、回风机变频调节，满足室内温湿度要求，最大限度合理利用室外自然空气条件；在室外空气焓值低于室内空气设定焓值时（过渡季节），可实现一次风系统全新风工况运行，减少冷机运行时间；餐厅厨房位于办公楼的地下区域，通过调频可有效控制餐厅负压，避免餐味串入办公区域。

新风热回收系统

标准层办公室采用风机盘管和新风系统，新风系统设有转轮热回收装置，它能够利用室内排风对室外新风进行预热或预冷（全热交换）处理后再排出室外，全热回收效率 >60%；

自然通风的利用

根据建筑竖向布局和中庭的设置，通过自然通风模拟分析，在外墙合适设置了电动开启窗，能够实现冬、夏、过渡季的自然通风控制。冬、夏季节将电动开启窗关闭，形成无风的小环境，减少了冷风侵入的需要消耗的热量，过渡季节根据气候条件电动开启窗户，加强了自然通风换气，改善空气质量，延缓了制冷机供冷的开机时间。

二氧化碳浓度、一氧化碳浓度探测

餐厅、报告厅、敞开办公等区域的人员比较密集，容易产生较多 CO_2，室内设有空气质量 CO^2 浓度监测，其与空调机组新风阀或新风机连锁，当浓度超过设定值时调大新风量，满足人员需求；

为了降低地下停车场平时排风系统的能耗，系统的开启由设置在室内的 CO 浓度自动控制。车库每个防火分区均设有两台排风机，可以分级调节运行。

冷量、热量的计量与分析

制冷站和换热站内设置了远程冷热计量系统，为了进一步降低系统的运行能耗,增强节能意识，针对办公楼的使用计费，空调水系统分回路或分支路设置了区域冷、热计量表，对各个部门空调计费管理，并纳入整个建筑物能耗计量分析系统。

风机盘管网络化温度控制

公共区域、办公室、会议室等房间的风机盘管采用网络化温度控制器，此控制器不但具有普通温控器的控制功能，可以就地控制，还可以通过网络接入中控，从而实现远程集中的定时启停及温度、风速的设定功能，管理方便，最大限度的达到节能的目的。

冬季防冻保护装置

在北方地区，空调采用大量新风时，受盘管内水流缓慢或新风阀关闭不严的影响冬季空调机组盘管冻裂时有发生。鉴于此，为报告厅、餐厅、大厅、厨房服务的空调或新风机组设有防冻保护装置的预热段。当冬季室外温度很低时、夜间或非工作时段，通过检测预热段处温度，自动启闭预热电动阀；采用风机盘管的房间，风机盘管温控器具有防冻功能，要求盘管的风机停运时，温度低于 $5℃$时能自动开启二通阀，高于 $10℃$时自动关闭。

空调系统PM2.5有效处理

本建筑地处北京城区，现阶段该地区的空气质量越来越让人担忧，阴霾天气经常出现，对人体造成伤害。建筑物内 PM2.5 浓度问题日益受到关注。本项目针对防治 PM2.5 颗粒物污染问题进行充分考虑，组合式空调系统和新风系统采用了初效过滤和双极板静电除尘过滤系统，并设有室内、外颗粒物浓度实时监测装置,使室内 PM2.5 等颗粒物浓度得到了有效控制。

特殊区域设置双系统

在建筑物中存在一些特殊区域，如会议层、高区办公等，其在周末或晚上加班有空调需求，为避免因局部极少区域空调需求而开启大型制冷机，在这些特殊区域，采用了双系统空调，即：房间设置风机盘管的同时，另设一套独立冷热源多联机空调系统，灵活运行，节能方便。

室内空气品质的保障措施

采用全空气系统的区域，通过组合式空调机组的各个功能段体的有机结合运行调配，以及新、回的比例，可以容易地控制室内空气品质达标。对于采用新风加风机盘管的区域，新风运行与 PM2.5 控制需根据工况和室外气候条件适时调节。

新风担负了六个功能：

1) 保持室内新风需求，避免 CO_2 浓度超标；

2) 在过渡季节和冬末冬初时段，为室内降温，节能运行。

3) 新风 PM2.5 净化处理，降低室内 PM2.5 浓度。

4) 调节室内、外空气压差，避免冬季烟囱效应致使冷风侵入严重。

5) 进行排风热回收，冬、夏季节能。

6) 冬季加湿、夏季新风除湿。

新风运行策略：

在冬、夏季，根据室内温度，调节新风送风温度，南、北侧新风、高区和低区新风送风温度应区别对待，根据需求设定送风温度自动调节加热或冷却水阀。

当室外空气质量较差时，运行时需关闭排风机和转轮热回收器，保持室内正压，避免脏空气渗入室内，有效遏制 PM2.5 颗粒物。

过度季和仅开启送风机时，关闭热回收转轮。

当冬季较冷，首层冷风渗透和侵入较大时，开启送风机，适当减少排风机开启台数，缓解冷风渗透。

调适的必要及不足

系统运行的好坏、能效得实现，调适非常重要。工程竣工只是告以一个段落，在调适方面存在欠缺，这也是现阶段国内建筑的一个通病。因此需进一步加强，不能待出现问题之后再补偿。

调适并非调试，设备调试和系统调适有着天壤之别，运行节能实效很大程度上关系到系统调适上，调适是极其重要的环节，能量转移实现所供给所需，适时、适值、适地、适量，能够根据工况的变化实时纠偏供给、达到节能运行。然而调适环节在哪？

空调设备商通过研发投入、技术创新，在不断提高设备的能效，提升产品的竞争力，满足节能标准门槛，但其效能的体现要融入到系统运行调适中。现场调试大多停留在设备试运行上，设计意图是否实现停留在纸面上，验收单多为设备运转正常。更有甚者设备当时运转正常，过一段时间就不正常了，责任推在设备上。

发达国家建筑节能非常注重建筑系统的维护和管理，都有一个试运行的重要环节，但由于我国历史的原因，至今我们仍然没有一个试运行的建筑维护环节，即：一个完善的调适环节。

因此，绿色节能设计＋绿色节能设备≠绿色节能。绿色建筑仅仅"绿色设计"是不够的，应注重调适和运行，实现绿色节能实际收效。

中国航空规划设计研究总院

ELECTRICAL
DESIGN

智慧建筑模式
——电气设计

科研楼强电专业包含变、配电系统、低压配电及控制系统、照明配电及控制系统、防雷接地系统、电力能源监控系统、剩余电流式电气火灾监控系统、消防设备电源监控系统、绿色建筑电气设计。

为满足科研楼（A座）地上 30000m²、地下 17230 m² 及老办公楼（B座）20598 m² 的用电需求，在 A 座地下一层北侧设 10kV 配电所 1 座；安装 2 台 1600kVA 及 2 台 1000kVA 变压器，其中 2 台 1600kVA 变压器负担 A 座用电，2 台 1000kVA 变压器负担 B 座用电。拆除位于现有 B 座南侧的现有独立变电所及临时租用的箱式变电所（负担 B 座地下一层制冷站用电）。

10kV配变电所

照明和风机盘管智能控制系统

1.概述

本项目照明和风机盘管采用 KNX 总线实现集中管理、分布式控制。系统设备分为传感器、执行器和系统元件，所有设备通过一根通讯总线连接。KNX 总线通讯协议遵循 OSI 模型协议规范，由物理层、数据链接层、网络层、传输层和应用层组成。系统框架底层设备采用 KNX 总线，楼层内设置系统支线；同一支线上最多可以连接 64 个总线元件，并可通过 LC 线路耦合器、BbC 干线耦合器进行扩展。考虑到照明及风机盘管控制对象点数繁多，为保证系统高效运行，楼层间的干线连接借助高速以太网平台，提升系统的通讯响应速率。

2.不同场所的灯光控制策略

1）开敞办公区

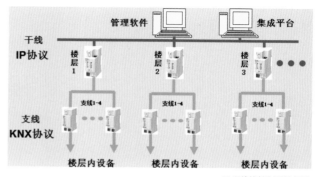

KNX总线控制系统框图

开敞办公区照明

恒照度控制示意图

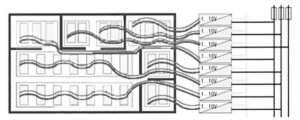

传统调光布线示意图（棕色为电源线、绿色为调光信号线）

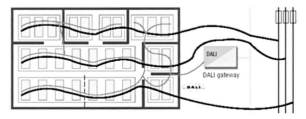

DALI调光布线示意图（黑色为电源线、红色为调光信号线）

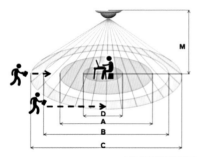

人体探测器探测范围（单位：m）

将开敞办公区分为内区和外区：靠近走廊通道区域为内区，临窗区域为外区。内区设置人体探测器、带灯控开关的联网型温控器，根据人员存在情况自动控制灯光的开启和关闭。外区每盏灯都带有独立地址编码，采用 DALI 数字可寻址调光控制实现单灯单控；设置"人体 + 亮度"复合型探测器、带灯控开关的联网型温控器，选用带地址编码的调光型电子镇流器，根据人员存在情况、室内照度水平自动调节灯光的开闭、亮度，实现恒照度自动控制，从而达到充分利用室外光线，最大限度节省照明能耗的目的。

传统调光方式各照明回路除敷设 220V 电源线外，还需另外敷设 1~10V 调光信号线。而采用 DALI（Digital Addressable Lighting Interface）数字可寻址照明接口的调光通讯协议布线方式更加灵活。DALI 协议要求系统中每盏照明灯具都具有独立的地址编码，各灯具用调光信号线连接，通过编程就可以实现照明灯的分组控制，从而大大降低了施工布线的成本。

2）入口大堂

在主楼屋顶设置室外照度传感器，工作时间室外照度传感器自动解锁，非工作时间室外照度传感器自动锁定。根据室外光线强弱及中控系统日程表自动逐级开启或关闭大堂照明回路。

3）公共走廊、电梯厅

在公共走廊、电梯厅设置雷达探测器，根据人员存在情况自动控制灯光的开启和关闭，实现人来灯亮、人走灯光延时关闭；延时时间可通过编程设定。雷达探测器采用公共走廊专用型，探测范围可达 3m×20m，较传统人体感应器布点数量少，从而降低系统成本。

4）公共卫生间

公共卫生间设置红外人体探测器，根据人员存在情况自动

公共走廊照明　　　　　　　　　　　　　　　　　　　　　　　　电梯厅照明　　　　　　　　　　　　卫生间照明

入口大堂照明

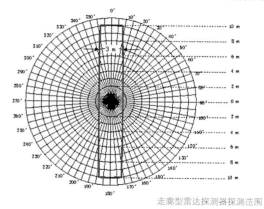

走廊型雷达探测器探测范围

控制灯光的开启和关闭，实现人来灯亮、人走灯光延时关闭；延时时间可通过编程设定。

5）餐厅

在餐厅售饭区墙上设置智能照明控制面板，采用分时段控制餐厅灯光的开启和关闭。就餐区、取餐区灯在午饭时间全部开启；早晚饭时间根据就餐人数选择开启部分灯光或全部灯光。

6）地下车库

将地下车库照明分成车道灯和车位灯，地下车库进电梯厅处设置智能照明控制面板，采用分时段控制：白天车辆高峰时段车道灯、车位灯全部开启；白天非高峰时段、夜间仅开启1/2车道灯。

餐厅照明

地下车库照明

会议室照明

报告厅照明

彩色液晶触摸屏

带灯控开关的联网型温控器
（左右两侧各设2个、共4个控制按钮）

灯组1开/闭：
上开，下关

灯组1开/闭：
上开，下关

主要应用区域：开敞办公区、普通办公室、公共卫生间、
公共走廊等区域，控制1路或1组照明设施

灯组1开/闭：
上开，下关

灯组2开/闭：
上开，下关

主要应用区域：小会议室等独立区域内，控制2路或2组照明设施

灯组1开/闭

灯组3开/闭

灯组2开/闭

灯组4开/闭

主要应用区域：签约大厅等独立区域内，控制4路或4组照明设施

灯组1开/闭

灯组3开/闭

灯组2开/闭

总关

主要应用区域：重要领导办公室内，控制3路或3组照明设施及照明总关控制

7）报告厅

在报告厅控制室设置彩色液晶触摸屏，实现 5 种分场景控制模式：进场、退场、会议、多媒体、清扫模式；同时在报告厅主席台附近墙上设置智能控制面板，实现分区域控制。

8）会议室

在会议室设置带灯控开关的联网型温控器、遥控接收器。根据使用需求手动控制室内灯光开启和关闭。

9）领导办公室

在领导办公室设置小办公室专用人体探测器，该探测器具有亮度检测功能，根据办公室人员存在情况、室内亮度自动控制灯光的开启和关闭。同时还设置带灯控开关的联网型温控器，可以根据使用需求手动控制室内灯光开启和关闭。

风机盘管控制

风机盘管采用可联网控制方式集中统一监控；同时通过就地设置的联网型温控器可手动调节风机盘管运行模式；开 / 关机、三速调节、模式转换、查看室内温度、设定室内温度、自动定时设置。

联网型温控器除具备风机盘管控制功能之外，还能集成灯光控制按钮。

INTELLIGENT SYSTEM DESIGN

建筑智能化与人性化
——弱电设计

建筑智能化系统设计要充分考虑系统的实用性、可扩展性、先进性、专业性、开放性、安全性、服务性、经济性。在技术上适度超前，充分考虑智能化发展趋势，所采用的技术能保证未来 5～10 年的发展和应用水平。

新科研楼建筑智能化系统的设计要充分体现科技、创新、低碳、绿色节能的理念，创造高效、环保、舒适、健康、人性化的新型办公、科研环境和会议环境。最终达到为建筑提升社会效益和经济效益的建设目标。

本建筑智能化系统包括：

信息设施系统、建筑设备管理系统、公共安全系统、信息化应用系统、智能化集成系统、机房工程。系统架构如图1所示。

建筑智能化系统的设计中重点解决的问题

1.网络规划和基础布线

信息网络和基础布线是关系到今后智能化系统正常运行，公司各类业务日常运转的关键部分，是设计中必须重点解决的事项。

根据企业的信息网络规划及使用性质，满足企业内部办公、设计研发、设备管理、物业管理等不同需求，将信息网络系统分为 3 部分：园区商网、物业管理网、安防设备网，三个网络单独设置，通过网关来实现相互联通。

园区商网提供公司商网及互联网接入服务，应用包括：公司管理与主营业务信息化系统、BIM、高性能运算、云计算等，内容含科研设计、OA 办公、信息发布等应用；商网采用二层网络结构，核心层和接入层，核心层采用万兆核心交换机，接入层采用千兆接入交换机。网络预留与 B 座（老办公楼）的接口。

公司商网机房内配置核心层网络交换机、服务器等设备，机房提供与广域网互联接口，实现与 Internet 的互联，并设置防火墙、路由器等设备。在弱电间分层设置配线架、接入层网络交换机。商网网络结构见图 2。

物业网用于物业管理信息系统，包括建筑设备管理、能耗计量、智能照明、一卡通等应用。

物业管理网采用二层物理结构：核心层、接入层。在物业机房（二层设备间）设置万兆核心交换机、服务器、网管工作

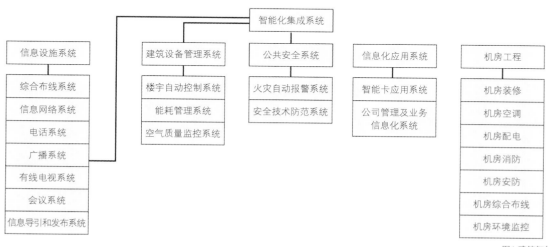

图1 建筑智能化系统架构

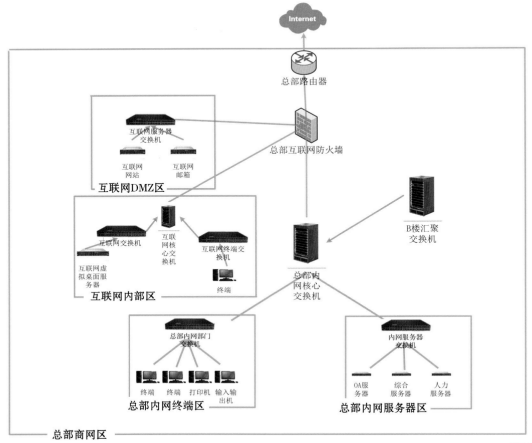

图2 商网网络结构

站、磁盘阵列存储器的设备。在楼层弱电间分层设置千兆接入层交换机。物业网网络结构见图3。

安防设备网用于安防各子系统的管理，包括视频安防监控、出入口控制、入侵报警、电子巡查、停车管理等应用。

安防设备网网络结构采用二层物理结构：核心层、接入层。在一层消防值班室设置万兆核心交换机、服务器、网管工作站，在二层设备间设置磁盘阵列存储器。在楼层弱电间分层设置千兆接入层交换机。安防设备网网络结构见图4。

为保证信息网络传输需要，对公司商网采用光纤＋超六类铜缆结合的布线系统，从网络中心至弱电间的商网网络主干采用2根12芯多模光缆（考虑冗余链路）。从弱电间到终端插座水平布线采用超6类屏蔽双绞线(FTP)，重要区域商网采用4芯OM3多模光缆。商网可实现主干万兆，桌面千兆的网络速率，达到目前主流布线配置。

在科研设计室工位、办公室、值班室、会议室、展厅、信息发布点、公共打印点等处均设置商网信息点。

科研设计室每层预留部分商网信息点，按照使用商网信息点15:1的数量配置。

大开间科研设计室、职能办公室布线采用网络地板内布线方式，方便工位和布线的灵活调整（图5）。

物业管理网、安防设备网均采用六类铜缆的布线系统。从各自机房至弱电间的物业管理网、安防设备网网络主干采用6芯多模光缆，从弱电间至终端设备的水平布线采用6类非屏蔽双绞线(UTP)。

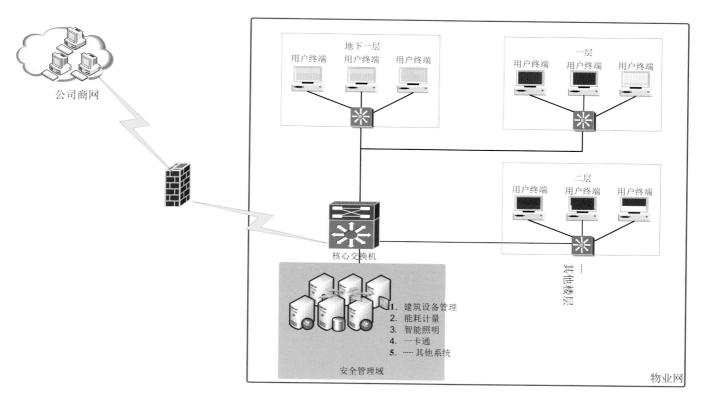

图3 物业网网络结构

2.安全技术防范

本项目安全技术防范系统按照下列原则进行设计：

● 总体按照普通风险等级防范目标设置对应的安全防范措施；

● 重点要害部位按照高风险等级防范目标设置安全防范措施；

● 采用由外及里分别设置周界、监视区、防护区、禁区的纵深防护体系；

● 设置安防集中管理平台，对各子系统进行自动化管理和监控。

本系统包括视频安防监控系统、入侵报警和紧急呼叫系统、出入口控制系统、电子巡查系统、停车场管理系统。在科研综合楼一层设安防监控中心（与消防控制室合用），负责整个园区的安全防范工作。在运营保障部部长、行政保卫处处长办公室设置分控中心。

本系统采用统一的信息平台和管理软件，实现对各个子系统进行自动化管理和监控。某一子系统的故障不影响其他子系统的运行。视频安防监控系统与出入口控制系统、入侵报警系统、停车场管理系统、火灾报警探测器联动，当有动作信号或报警信号输入时，激活相应的摄像机并进行录像。

1）视频安防监控系统

摄像机设置部位：

● 园区周界；

● 建筑物室外周边；

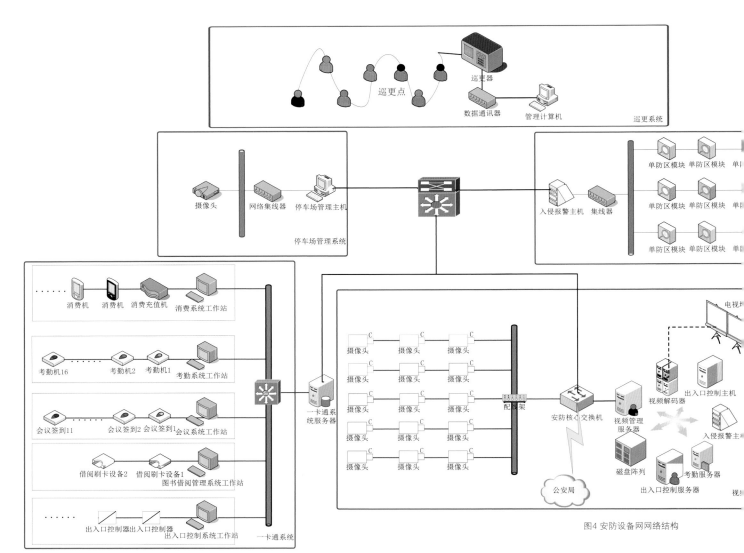

巡更点

巡更器

数据通讯器　管理计算机

巡更系统

摄像头　网络集线器　停车场管理主机

停车场管理系统

入侵报警主机　集线器

单防区模块　单防区模块　单

单防区模块　单防区模块　单

单防区模块　单防区模块　单

消费机　消费机　消费充值机　消费系统工作站

考勤机16　考勤机2　考勤机1　考勤系统工作站

会议签到11　会议签到2　会议签到1会议系统工作站

借阅刷卡设备2　借阅刷卡设备1　图书借阅管理系统工作站

出入口控制器出入口控制器　出入口控制系统工作站

一卡通系统

一卡通系统服务器

摄像头　摄像头　摄像头

摄像头　摄像头　摄像头

摄像头　摄像头　摄像头

摄像头　摄像头　摄像头

摄像头　摄像头　摄像头

配线架

安防核心交换机

公安局

视频管理服务器

磁盘阵列

出入口控制服务器

考勤服务器

视频解码器

出入口控制主机

入侵报警主

电视墙

图4 安防设备网网络结构

图5 网络地板布线

图6 视频安防监控

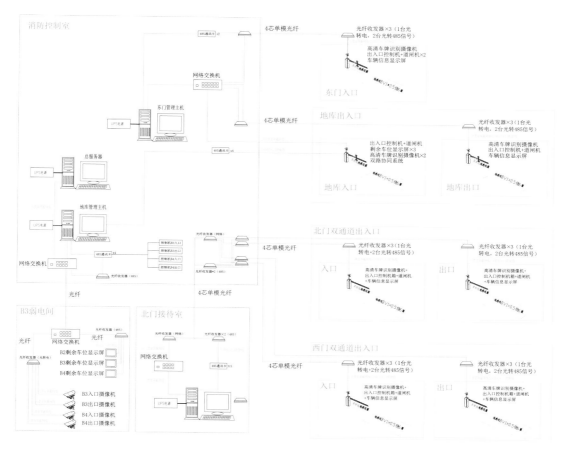

图7 停车管理系统图

- 所有入口处；
- 车库；
- 厨房操作间、库房入口；
- 主要通道；
- 每层楼梯口、电梯厅；
- 电梯轿厢；
- 共享大厅、餐厅；
- 网络机房、安防监控中心、弱电间等重要部位。

本系统采用720P高清摄像机和D1摄像机相结合的方式，网络摄像机或编码器具有双码流输出，一路信号用于实时监控，另一路信号用于视频存储。

监控中心设置监控管理主机和18台46寸LCD拼接显示屏，分辨率1920×1080，用于实时显示与控制整个系统内的任意摄像机，见图6。

系统对所有的摄像机画面进行全天24小时监控录像，采用高清与D1格式存储，存储时间：重点防范部位为90天，其他部位为30天。

2）入侵报警系统和紧急报警系统

在网络机房、弱电间等重要场所设置入侵探测器，在园区周界设置红外对射入侵探测器。当有非法入侵者时，探测器可将报警信号送至监控中心报警，并联动相应的摄像机进行录像。在前台、接待，消防控制室操作台等处设置报警按钮。

3）出入口控制系统

设计标准：

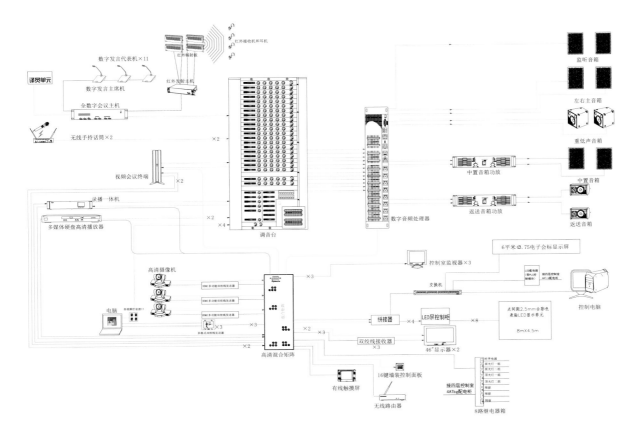

图8 报告厅音视频系统图

图9 学术报告厅使用模式

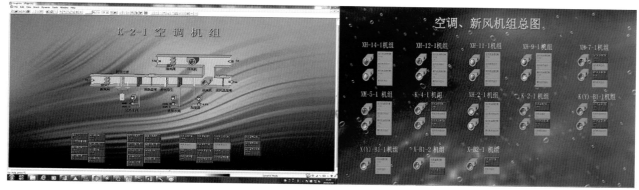

图10 楼宇自控制界面

- 网络机房进入采用指纹＋刷卡 CPU 读卡器，出去采用刷卡 CPU 读卡器。
- 其他部位，如弱电间、消防值班室、各层的电梯间、楼梯间、建筑各个出入口处设置 CPU 读卡器。
- 在园区三个出入口设置三辊闸，防止人员尾随进入。

4）停车场管理系统

为适应现代化办公的需要，园区三个机动车出入口和地下车库均设置停车场管理系统。出入口控制系统与车库管理系统联网，控制进入园区和地下车库的车辆。停车管理系统图见图7。

车辆采用车牌识别进出，内部车辆实现不停车进出管理。外来车辆临时登记车牌，通过车牌识别实现通行和缴费。本系统可分层显示地下车库停车数量，方便职工就近停车。

3.会议系统

在报告厅、会议区会议室、贵宾接待室、多功能厅、总部办公和实体院会议室等处设置相应的会议系统，其中报告厅和会议区会议室与公司 OA 系统的会议管理模块配套，使用人员可根据会议规模提前预约使用会议室，满足了公司会议、培训的使用要求。

报告厅具有视频会议功能，满足各类国际国内会议的使用要求，也可用于培训、小型文艺活动等，设置音响扩声系统、会议发言及同声传译系统，视频显示及摄录像系统，LED 电子会标，会议录播系统，视频会议终端，智能控制系统。

音响扩声系统设计兼顾语言和音乐扩声，保证语言清晰、声场均匀，音乐重放音质。扩声特性指标达到多用途类扩声一级的标准。

会议发言系统采用手拉手方式数字会议系统，主席台根据使用需要灵活布线。

同声传译系统设计满足 4+1 语种翻译传输要求，采用 2～6MHz 红外线无线系统。

视频系统设计为可显示各种高清视频信号和计算机信号，在主席台上有计算机信号输入接口和视频信号输入接口。在主席台中央设置 1 块 8m×4.5m，点间距 P2.5 的 LED 显示屏。配置了 2 台移动 42 寸液晶显示器。

设置 3 台高清彩色摄像机，通过矩阵和中控操作切换台，可将图像显示到高清液晶监视器上，并配置高清视频会议终端。设置高清多媒体录播一体机，支持 1 路高清 DVI（高清视频或 VGA 信号）、1 路标清视频及 1 路高清音频信号的任意组合录制，满足用户会议、培训、文艺活动等场景下可视化信息记录与传播的需要。

在主席台上方配置了一套双基色 LED 电子会标系统。

智能控制系统通过串行通信口、网络端口、红外控制口、继电器等与各种设备相连，以各类灵活直观的控制界面（触摸屏、按键面板、PC 等），对会议系统的各种设备进行控制。

报告厅音视频系统图见图 8；报告厅使用模式见图 9。

4.建筑设备管理和系统集成

为方便物业人员对机电设备和智能化系统的日常管理，设置了楼宇自动控制系统和智能化集成系统。

楼宇自控系统对本建筑内所有机电设备采用现代计算机控制技术进行全面有效的监控与管理，确保所有设备处于高效节能、安全可靠的最佳运行状态，降低能源消耗及人工管理成本。

系统由中央站计算机、通用网络控制器及现场数字控制器

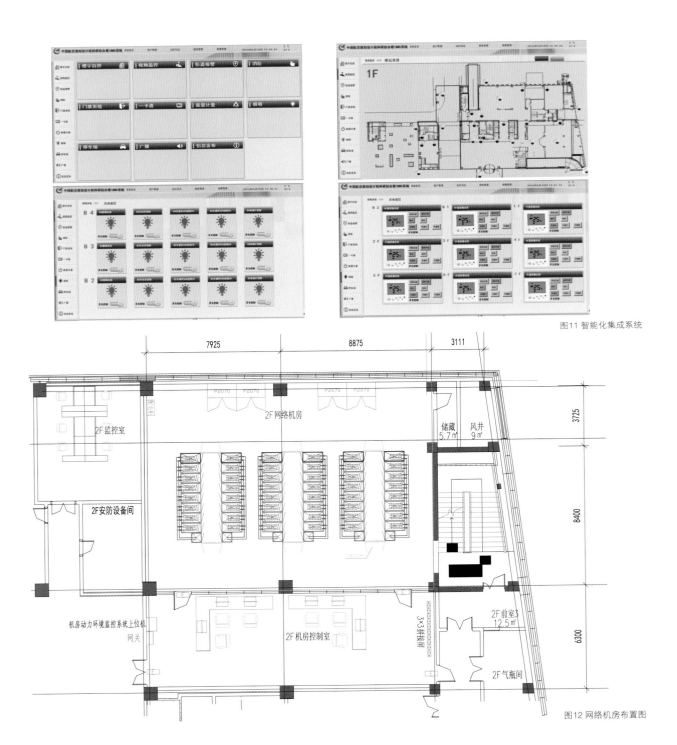

图11 智能化集成系统

图12 网络机房布置图

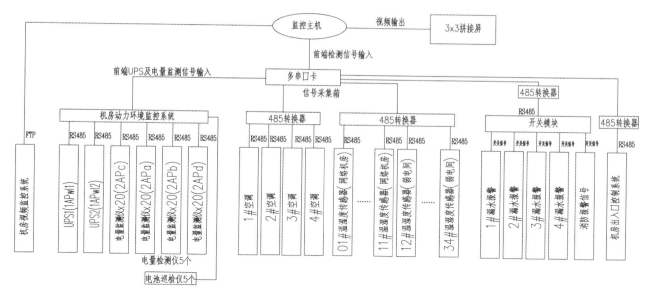

图13 机房设施监控系统

构成,组成分布式体系结构。系统可对排水系统、送/排风系统、新风机组、空调机组、电梯系统等进行监控;系统通过通讯接口与以下系统进行数据采集与集成:智能照明系统、多联机空调系统、配变电所电力监控系统、热水系统、制冷机组控制系统、供热系统、中水系统、给水系统、恒温恒湿机。

系统通过网络纳入整体智能化集成系统平台。

智能化集成系统将本工程内的楼宇自控系统(含智能照明)、能耗管理系统、消防报警系统、广播系统、安防系统、信息发布系统实施集成,实现一体化集中监视管理、分散控制。通过集成,优化协调各系统,以达到最佳、高效、安全运行,有效节能之目的,为工作人员提供一个舒适、安全、便捷的工作环境。

5.机房工程

为保证信息网络系统正常运营,对网络中心机房进行系统设计。

网络信息中心机房按照《电子信息系统机房设计规范》GB 50174-2008中的B级标准设计;机房设置在2层;面积220 m²;含机房和控制间,机房布置见图12。

为了更好的保证机柜的空调送风温度,采用将冷通道封闭的方式来布置设备。机房配置独立温湿度控制的两台精密空调,一用一备,并布置自来水补水和过滤设备以供精密空调使用;采用下送风方式,出风量可自由设置和调节;温度控制在

23±1℃,变化率<5℃/h;湿度控制在40%~55%。

在机房设防静电活动地板,高度400mm,采用下沉式楼板,设置铝合金吊顶,墙面采用金属壁板贴面。机房外门采用甲级防火门。机房楼板等效均布静荷载按8000N/m²设计。在空调设备处设置挡水围堰。

机房按照一级负荷供电,双路供电接入机房。电源进线容量按300kVA设计。备用电源采用专用2台UPS供电,采用1+1并联冗余供电方式,备电时间30min。机房照度按照500lx设计,并设置应急照明。机房设置共用接地排,接地电阻≤0.5Ω,活动地板下设置接地网。10个机柜提供8kW电源容量,20个机柜提供6kW电源容量,10个机柜提供4kW的电源容量,每个机柜有2路电源接入。

机房设置七氟丙烷自动气体灭火装置,管路采样式吸气感烟探测器和感温探测器。

机房入口设置生物识别出入口控制设备;机房入口和机柜通道安装视频监控系统,进行24小时监控。机房内设置入侵探测器。

机房监控室配置9块46寸液晶拼接屏,用于监控管理。

为了保证网络中心机房运行的安全性和稳定性,使发生的事故得到及时的报警和处理,设置机房设施监控系统对机房场地设备进行实时监控和管理。机房设施监控系统见图13。

图14 网络中心机房

机房设施监控范围包括：供配电系统、UPS 系统、机房专用空调系统、新风系统、机房温湿度、漏水检测、视频监控、出入口控制等。

通过空调机、UPS 自带的智能通信接口和局域网，实时监控空调机、UPS 设备的运行状况；通过采集器对配电盘的开关状态和供电参数进行监控，可以实时监控每个机柜的用电量、电流、功率及负载等信息；通过采集器对新风净化机的开关状态和过滤器进行监控；在机房所有房间和 UPS 间设置温湿度传感器，将温湿度值实时传送到监控主机；在活动地板下设置漏水检测绳，一旦有水泄漏到感应绳，感应电缆通过控制器将漏水信号传送到监控主机。

在每层弱电间设置温湿度传感器，信号接入网络中心机房设施监控主机。机房实景见图14。

公司科研楼的智能化系统有力的支撑了整个建筑的整体使用效果，通信和网络畅通；会议、信息发布等都很好的支持日常工作、生产；物业可通过集成系统、建筑设备监控系统及时了解设备运行状态、能源消耗，适时采取措施达到节能降耗的目的，公共安全系统有效地保障了整个建筑的防火、防盗的安全要求。系统运行良好，基本实现了设计构想。

中国航空规划设计研究总院

GREEN BUILDING DESIGN

被动优先，主动优化
——绿色建筑设计

科研楼以"被动优先，主动优化"为指导思想，设计成果顺利达到了《绿色建筑评价标准》GB/T 50378-2014 中，绿色建筑设计三星级的标准。设计过程中，"被动优先，主动优化"的理念，主要体现在以下几个方面：

1.适应现场条件——被动优先

现场条件一：满足规范、规定及规模要求

本项目周边建筑条件复杂，严格遵守北京市城市规划条例的同时，进行全面的日照分析后得出了建筑可建范围，并结合项目自身需要，得出了纯理性推导出的建筑形体。

现场条件二：合理利用原有场地条件

景观设计中，遵循低影响的开发原则。结合现状地形地貌进行场地设计，保护场地内原有的树木、植被，采取表层土利用等生态补偿措施。现状绿地与大乔木基本全部保留，2 棵雪松、6 银杏院内移栽。

现场条件三：合理呼应周边建筑、朝向

本项目通过强调竖向线条，与原有办公建筑在立面风格上取得统一，并在西侧立面设置遮阳陶板格栅。突出的通高

周边环境分析图

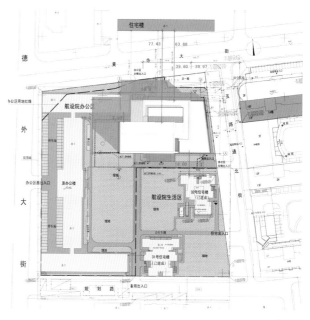

总平面图

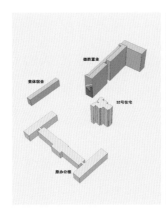
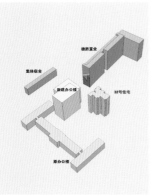

日照对比 – 大寒日

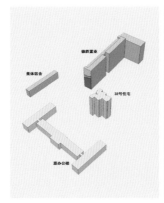
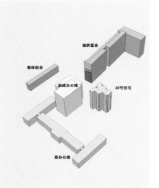

日照对比 – 冬至日

白色石材体量与内凹的通高落地窗相间隔布置，形成"阴刻"体量感的同时，完成建筑立面的自遮阳（白色石材体量突出400mm，间距1050mm，形成竖向遮阳的效果）。

2.适应使用需求——主动优化

1）办公建筑需要良好的采光、通风

立面竖向石材体量与竖向通高采光窗，模数化间隔布置，有效的控制了窗墙比，提高室内自然光的均匀度。实现了每个开窗单元均有开启扇，为室内空间的灵活划分（与立面1050mm模数相对应）提供了先决条件，并保证了室内空间良好的采光、通风。同时，实现了模数化，大大节约了造价。

2）办公建筑需要良好的行为方式

各院办公区按竖向楼层划分，有的跨越一层、有的跨越两层。考虑到各院内部楼层间、各院相邻楼层间，交通频繁。因此，结合中庭设置由四层贯通至十二层的景观步行楼梯，完成快捷交通联系的同时，鼓励对中庭空间的灵活使用，将行为和活力带入中庭，既符合设计院需要大量交流空间的特性，又形成了具有活力、绿色节能的步行行为方式。

同时，在中庭通高位置引入了顶部诱导式通风，创造性地改善了高层建筑内部的通风效果，既提升使用者健康和舒适度，又节能环保。

3）办公建筑需要良好的景观环境

本项目日照条件对建筑形体影响较大，形成了大量屋顶平台；同时，由于用地紧张，地面空间绿化范围有限。因此，在地下一层餐厅顶部设置覆土厚度大于1.5m的绿化休闲空间，同时设置地下室采光天窗以满足地下一层餐厅的基本照明；在四层屋顶设置覆土厚度大于0.3m的绿化休闲空间，满足员工休息、交流；在十三层屋顶设置覆土厚度大于0.3m的绿化休

新、老楼立面线条分析图

室内采光效果

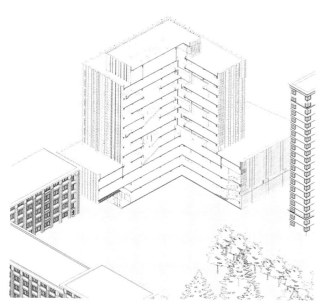

中庭剖切分析图一

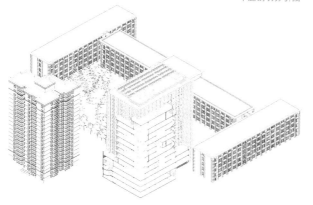

中庭剖切分析图二

地下一层食堂屋顶花园采光天窗外景

地下一层食堂屋顶花园采光天窗内景

雨水收集设备

空气监测设备

闲空间，满足对外接待、洽谈。并结合边角空间，设置了雨水收集利用系统、空气质量监控系统等，为满足绿色设计三星标准提供技术支持。

4）办公建筑需要灵活的空间划分

综合考虑项目施工周期等制约因素，本项目结构形式采用钢结构。设计过程中，由于建筑总高度的限制，必须对层高进行控制，因此部分设备管线需要穿梁设置。通过结构计算，适当加大梁高后，在满足管线穿过的前提下，已能同时完成局部空间的拔柱；符合本项目通用化办公空间尽量加大柱网，以提高空间使用率和灵活性的原则。

5）办公建筑需要良好的空气质量

本项目为建筑设计、生产、研究用房，人员较为密集，空气质量要求较高。因此，设置了一氧化碳浓度探测、二氧化碳浓度探测、PM2.5净化系统。在保证使用者健康的同时，最大

室内设备管线穿梁效果

限度的控制了建筑冷热流失，为节能环保做出了贡献。

6）办公建筑需要良好的办公照明

本项目为建筑设计、生产、研究用房，办公照明要求高。考虑到加班情况较为频繁，照明用电需求差异性较大，且公共办公空间进深较大，外部沿窗部位自然光照度与内部沿走廊部位自然光照度差异较大，本项目通过联网温控器（带灯光控制）、人体＋亮度探测器、DALI网关以及上位机定时控制策略，管理开敞办公区的灯光，做到所有照明点位的可控和智能化。方便使用者的同时，大大节省了照明用电。

绿色建筑设计三星级标准的实现

通过引入"被动优先，主动优化"的绿色建筑设计理念，以更加合理的方式实现了绿色建筑设计三星级标准（《绿色建筑评价标准》GB/T 50378-2014）：

1）客观看待《绿色建筑评价标准》GB/T 50378-2014，分析"评价与等级划分"，衡量项目自身条件，确定"绿色建筑设计评价标识三星级（公共建筑）"、"绿色建筑评价标识二星级（公共建筑）"的设计目标（详见表1、表2）。

通过对本项目"客观条件"、"使用需求"的深入分析和针对性设计，结合"三星级绿色建筑预评估"结果，本项目可顺利达到"三星级绿色建筑标准"。

2）详细分析"绿色建筑评价得分与结果汇总表"，确定控制项全部满足、一般项合理优选、优选项整体评估。以下是申报阶段，根据划分绿色建筑等级的项数要求（公共建筑），进行的预评估（详见表3）。

3）可供选择的绿色建筑亮点增量成本分析（详见表4）。

设计亮点与经验

从适用性和实用性的角度出发，不刻意使用"主动型绿色

表1 设计阶段预评估表

等级	一般项数（共43项）												优选项数	
	节地与室外环境		节能与能源利用		节水与水资源利用		节材与材料利用		室内环境质量		运营管理			
总项数	6		10		6		8		6		7		14	
不参评项	0		1		0		3		1		4		2	
	要求	实际	要求	实际	要求	实际	要求	实际	要求	实际	要求	实际	要求	实际
★	3		4/3		3		5/3		3/2		4/1		—	
★★	4		6/5		4		6/3		4/3		5/2		6/5	
★★★	5	5	8/7	7	5	5	7/4	5	5/4	4	6/2	3	10/8	9

注：由此可见，按照以上绿色建筑初步建议实施，本项目能达到绿色建筑设计评价标识三星级（公共建筑）的要求。

节能技术"，而是从建筑设计之初便注重"被动型绿色设计理念"的引入。满足"绿色设计三星级标准"的同时，并未带来过大的经济投入。因此，可以看出——"被动优先，主动优化"的设计原则，是"绿色建筑"的本质和方向。

1.达到绿色三星级必须采用的技术措施

1）加强外围护结构保温隔热性能，达到 60% 节能；
2）采用采光天窗改善地下餐厅采光效果；
3）室内中庭利用热压风压诱导建筑内自然通风；

4）主要光照面均设置外遮阳系统，遮阳与建筑一体化设计；
5）满足《绿色建筑评价标准》中对建材提出的环保要求；
6）装修设计一体化；
7）办公空间采用灵活隔断；
8）使用脱硫石膏板等利废材料；
9）对建筑围护结构提出隔声要求，控制室内背景噪声；

表2 全过程绿色建筑预评估表

等级	一般项数（共43项）												优选项数	
	节地与室外环境		节能与能源利用		节水与水资源利用		节材与材料利用		室内环境质量		运营管理			
总项数	6		10		6		8		6		7		14	
不参评项	0		1		0		3		1		4		2	
	要求	实际	要求	实际	要求	实际	要求	实际	要求	实际	要求	实际	要求	实际
★	3		4/3		3		5		3/2		4		—	
★★	4		6/5		4		6		4/3		5		6/5	
★★★	5	5	8/7	7	5	6	7	5	5/4	4	6	6	10	9

注：由此可见，本项目在运营阶段由于优选项不足10项，不能达到绿色建筑三星级评价标识的要求，但能达到绿色建筑二星级评价标识（公共建筑）的要求。

表3 设计阶段绿色建筑预评估

等级	一般项数（共43项）												优选项数	
	节地与室外环境		节能与能源利用		节水与水资源利用		节材与材料利用		室内环境质量		运营管理			
总项数	6		10		6		8		6		7		14	
不参评项	0		1		0		3		1		4		2	
	要求	实际	要求	实际	要求	实际	要求	实际	要求	实际	要求	实际	要求	实际
★	3		4/3		3		5/3		3/2		4/1		—	
★★	4		6/5		4		6/3		4/3		5/2		6/5	
★★★	5		8/7	7	5		7/4	4	5/4	4	6/3	3	10/8	8

注：由此可见，按照以上绿色建筑技术策略实施，本项目能达到绿色建筑设计评价标识三星级（公共建筑）的要求。

表4 达到绿色建筑三星级的增量成本估算表

技术措施建议	运用范围	单价增量成本	数量（暂估）	增量成本（万元）
土壤氡浓度检测	建筑占地范围	200	25	0.50
屋顶花园	5层、13层平台	200	1100	22.00
透水砖铺装	绿地内人行道或活动广场	150元/m²	1000m²	15.00
加强屋顶保温	建筑屋顶	30元/m²	2010m²	6.03
加强外墙保温	建筑外墙	60元/m²	6700m²	40.20
Low-E中空玻璃（充氩气）断桥铝合金窗	外窗和透明幕墙	100元/m²	5700m²	57.00
轻钢龙骨石膏板隔墙或玻璃隔墙	室内隔墙	100元/m²	2000m²	20.00
变频离心机组	空调水系统	1200元/RT	1000RT	120.00
CO2监控系统	餐厅、报告厅、会议室	8000元/个	20个	12.00
排风热回收	新风机组及空调机组	7.5万元/套	16套	13.50
CO监控系统	地下车库	10元/m²	1.2万m²	12.00
节水灌溉技术	绿化场地浇洒	30元/m²	4500m²	13.50
雨水收集	屋顶绿化灌溉	800元/m²	50mm²	4.00
太阳能热水系统	生活热水	50万元/套	1套	50.00
远传计量电表	全部建筑	1500元/点	60	9.00
能耗实时监测及显示系统	全部建筑	30万元	1套	30.00
合计（4.7912万m²）				535.23万元
单方增量成本				111.71元/m²

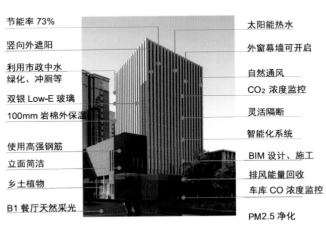

节能率73%
竖向外遮阳
利用市政中水绿化、冲厕等
双银Low-E玻璃
100mm岩棉外保温
使用高强钢筋
立面简洁
乡土植物
B1餐厅天然采光

太阳能热水
外窗幕墙可开启
自然通风
CO₂浓度监控
灵活隔断
智能化系统
BIM设计、施工
排风能量回收
车库CO浓度监控
PM2.5净化

10）无障碍设施、标识设计到位。

2.其他绿色技术亮点

1）室内装修采用空气净化功能涂覆材料；

2）设置单独的负压吸烟室和单独的复印、打印小间，并设置独立排风；

3）每层设置垃圾收集间，分类收集纸质垃圾；

4）设置有机垃圾处理设备及机房，对餐厅和厨房的厨余垃圾进行就地无害化处理；

5）设置绿色措施展示系统。

虚拟现实下的有效协同
——BIM技术应用

　　科研楼在 BIM 设计工作之初便设定了"绿色设计、虚拟施工、有效协同"的工作目标。将"绿色设计"的要求贯穿 BIM 设计的始终，在方案设计、初步设计、施工图设计的各个阶段，大量使用各类分析软件，通过虚拟施工的可视化效果，将参与设计的各专业、甲方、施工方的需求和工作成果进行有效的协同，为各个阶段的工作决策提供可靠的依据。

一、方案设计阶段

　　BIM 技术在方案设计阶段的运用，主要体现在建筑形态基本确定的情况下，对项目的深化设计提供理性指导。

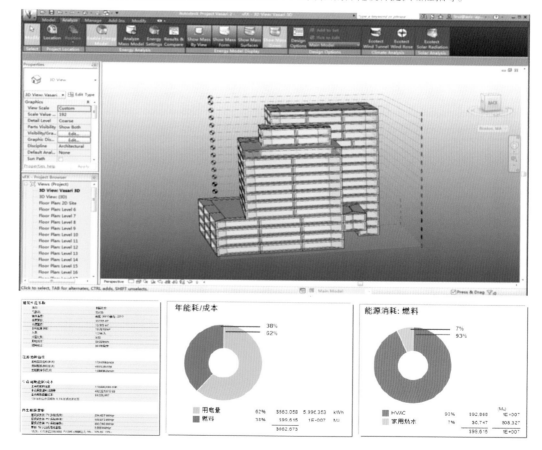

图1 建筑能耗分析
（通过建筑能耗分析，对建筑体形系数、窗墙比、材料使用等深化设计内容，提供理性指导。）

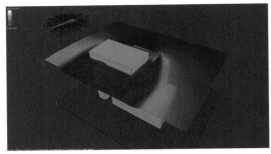
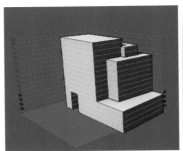
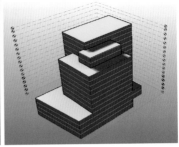

图2 建筑风洞试验
（通过建筑风洞试验，对建筑开窗、幕墙设计、
屋顶绿化等深化设计内容，提供理性指导。）

图3 太阳辐射分析
（通过太阳辐射分析，对室内功能房间定位、立
面遮阳设计等深化设计内容，提供理性指导。）

二、初步设计阶段

BIM 技术在初步设计阶段的运用，主要体现在对内部功能的合理性进行量化分析，对项目的深化设计提供理性指导。

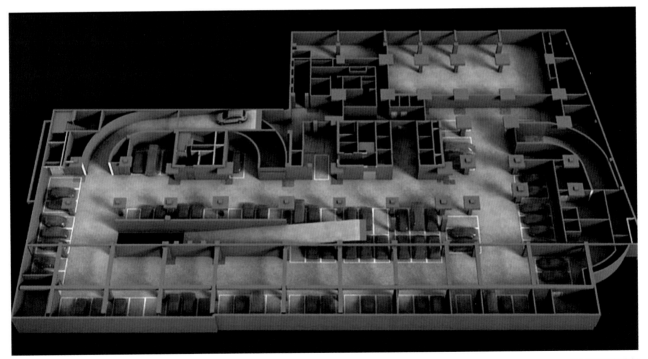

图4 倒车模拟分析
（通过倒车模拟分析，对地下停车系统的设计合理性进行检验，提供量化数据，排查使用不便区域，保证项目停车效率。）

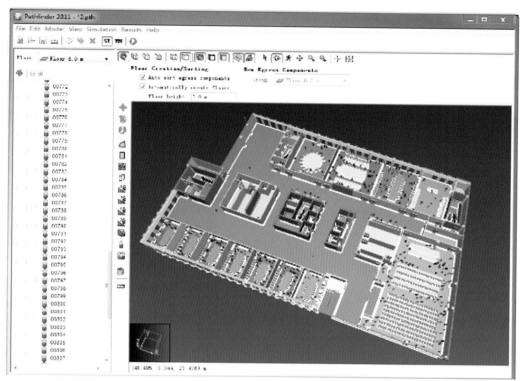

图5 疏散分析
（通过疏散分析，对建筑内所有人员停留区域进行疏散时间检验，提供量化数据，排查疏散不利区域，保证项目设计、使用安全。）

三、施工图设计阶段

BIM 技术在施工图设计阶段的运用，体现在设计流程、设计方式、设计深度以及成果展示等各个方面。传统的施工图设计体系，在 BIM 技术运用的过程中，发生着巨大的变化。

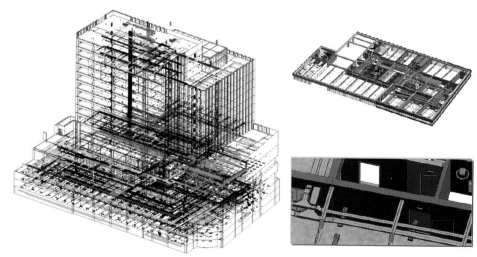

图6 管线综合
（管线综合实现了三维可视化，各专业工程师在此平台下沟通效率大幅提升；碰撞检验的加入，更为管综设计意图的实现提供了有力保证。）

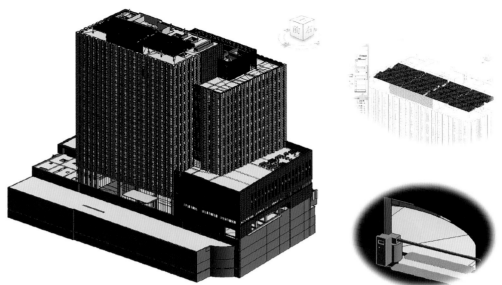

图7 立面精细化设计

（施工图设计过程中，土建、设备、管线等各专业实体内容实时更新，真正做到了施工图模型的"所见即所得"，为立面设计意图的完美实现提供了有力的保证。

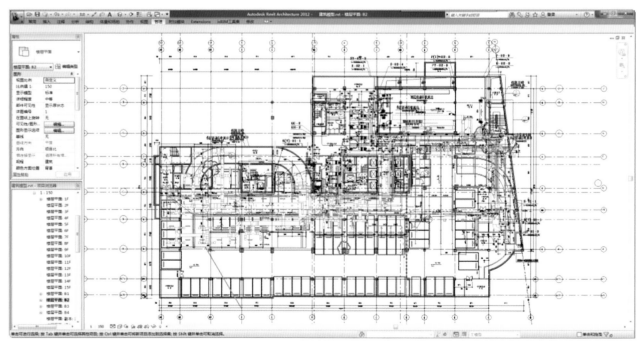

图8 设计流程（一）

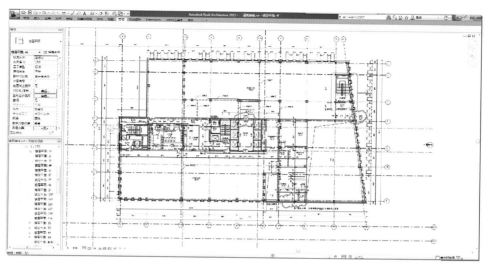

图8 设计流程（二）（①设计绘图过程中，各专业所有绘图单元、构件、标注等，均完成参数化定义，后期修改过程中，同一绘图单元形成联动，有效避免了平、立、剖、详图中修改不对应的低级错误。②校审与设计可在同一个主文件下同步进行并标注提示。③主文件的定期更新，将各专业最新发布的条件以协同的方式推送至所有项目参与者，有效避免了条件更新不及时、底图版本更新不及时等类似因素导致的大量图纸错漏碰缺。）

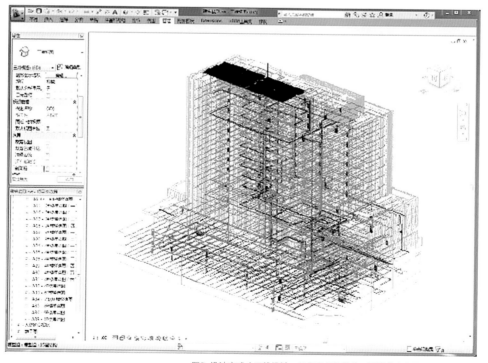

图9 设计方式（三维设计、双屏多任务操作、可视化专业协调，使设计、沟通效率大幅提升。）

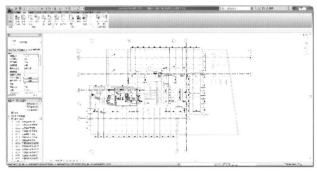 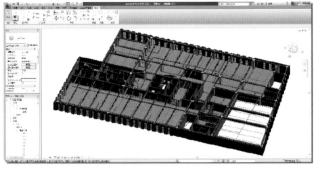

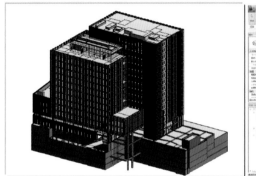 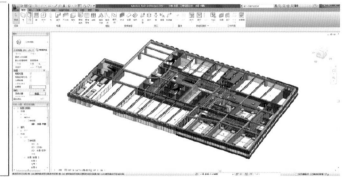

图10 设计深度

（设备专业突破二维局限，进入三维设计深度，所有设计绘图单元均完成参数化定义；各专业实时互动，所见即所得，更好的理解建筑、结构专业条件；管线综合实施性大幅提升。）

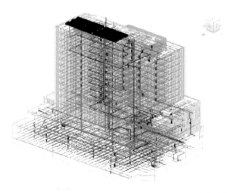 

水道专业 暖通专业

图11 成果展示（一）

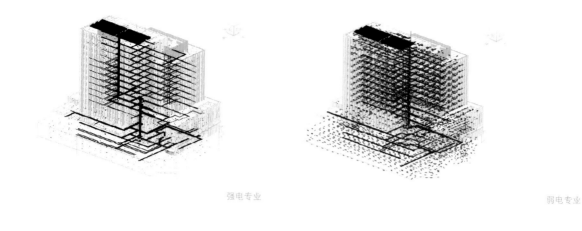

强电专业   弱电专业

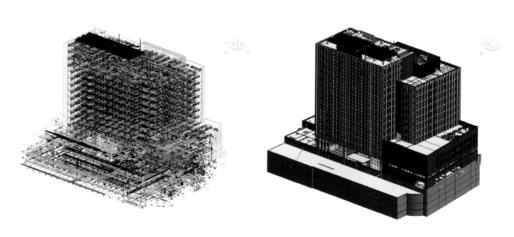

图11 成果展示（二）

（全专业BIM建模，设计模型—施工模型—竣工模型的不断修正，为精装修设计、部门使用需求对接、后期物业管理、运行能耗监控……提供了数字化信息平台。）

四、过程回顾

设计过程中，针对本项目需求，参数化定制"族文件"500余个，初步建立了一个全覆盖的 BIM 族库（图12）；软件供应商密切合作，提供大量插件，方便各专业工程师工作（图13）；项目工程师自主研发工程量统计工具（图14）。

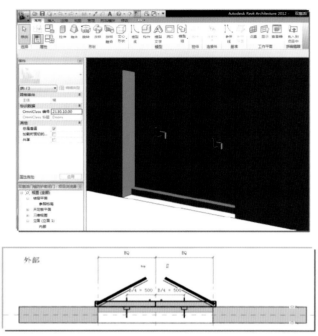

图12 参数化族文件

（族文件的完善，作为图库储备和统一技术措施的延伸，为我司后续项目的设计效率提升及设计质量控制，打下了坚实基础。）

图13 绘图插件

（与软件供应商合作开发的绘图插件，大幅提升工作效率，完善了我院BIM技术的体系。）

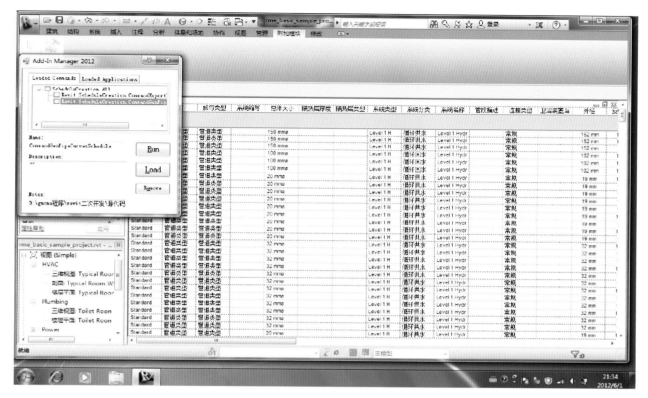

图14 工程量统计工具

（建筑专业工程师在掌握BIM技术的运行原理后，根据自身专业特点，主动利用绘图单元参数化定义的数据优势，合理搭建计算模型，将"建筑工程量统计"的传统人工手算模式直接升级为计算机生成模式，大幅提升工作效率、减少了计算失误。）

五、总结

本项目 BIM 软件配合，采用 Autodesk 旗下 Cad、Revit 的结合使用，管线综合采用 Navisworks，渲染及虚拟现实采用 3Dmax、AE。硬件采用 Xeon 处理器，48G 内存，NvidiaQUADO 4000 显卡，双屏 23 寸显示器。

工作过程中，硬件设备运行较为顺畅，但结构专业、水道专业、暖通专业、电气专业常用的计算软件如 PKPM、Midas、鸿业、广联达……，尚不能进行无缝对接，严重影响工作效率，是当时 BIM 技术所面对的主要瓶颈。随着 BIM 技术的发展，攻克软件兼容性的难题只是时间问题，届时 BIM 技术必将体现出更大的技术优势。

精品铸造
——管理与建造

　　科研楼项目的落成充分体现了公司在工程勘察、设计、管理、监理等领域的全价值链服务的综合实力，项目施工建造过程始终遵循着打造精品工程的目标要求，在工程的质量、进度、安全文明施工、投资控制等方面均达到了优质标准，树立了公司在科研办公楼类建筑领域的标杆项目。

建设过程回顾

1.2013年2月8日，场地拆迁腾退开始
2.2013年4月18日，工程开工典礼
3.2013年4月26日，桩基正式开始
4.2013年5月25日，土方正式开挖
5.2013年11月15日，桩基及土方工程全部完成
6.2014年3月15日，主楼地下结构完成

7.2014年9月15日，主体结构封顶
8.2015年4月10日，精装修样板间完成
9.2015年4月30日，外幕墙钢龙骨完成
10.2015年9月8日，室外景观进场
11.2015年11月30日，工程基本完成
12.2016年3月22日，正式搬迁入驻

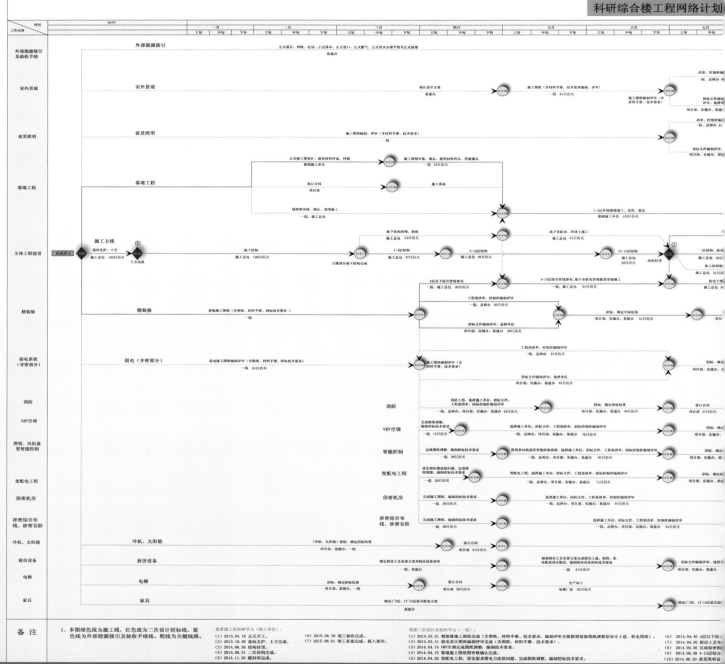

中国航空规划建设发展有限公司
CHINA AVIATION PLANNING AND CONSTRUCTION DEVELOPMENT CO., LTD.

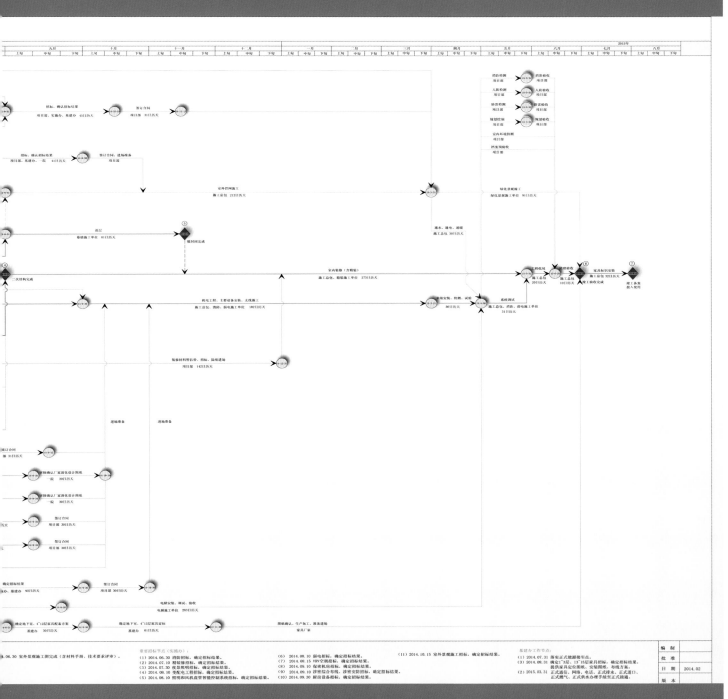

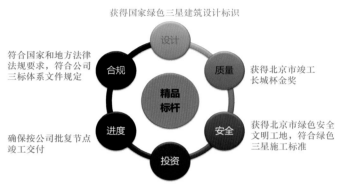

建设目标

获得国家绿色三星建筑设计标识

符合国家和地方法律法规要求，符合公司三标体系文件规定

确保按公司批复节点竣工交付

获得北京市竣工长城杯金奖

获得北京市绿色安全文明工地，符合绿色三星施工标准

以经批准的施工图预算为投资控制目标，过程中以施工图预算为基准制定投资控制分目标，确保各分项工程投资控制在投资分目标以内

建设目标图

项目目标与难点分析

1.组织协调难度大

本项目自方案规划、施工图设计、招标采购、施工过程管理、监理直至竣工交付均由公司自行实施完成。项目业主、设计、工程管理、监理均为公司内部成员单位或子公司，不同于公司承建的任何总承包项目，也不同于以往公司实施的小型基建项目。

2.“零”场地施工

项目建设地点在公司现有办公楼院内，周边建筑林立，场地极其狭小，连最基本的工人宿舍、材料堆场都很难满足，材料运输困难，施工效率严重受限，如何满足施工进度要求是个重大难题。

3.细节繁琐、体系复杂

项目设计新颖，外立面采用玻璃幕墙＋石材幕墙＋陶板

陶棍幕墙等多种复杂体系，室内装修简洁大方，敞开式办公，无吊顶设计，机电管线大量裸露，细节质量问题尤为突出，质量控制难度较大。

4.绿色施工标准高

基于打造绿色建筑，施工过程中必须遵守绿色施工要求，绿色施工如何落实对现场管理人员来说是一个新的课题。

5.全过程投资控制

根据业主使用需求的变化，相应的深化设计、复杂的施工工序等为施工过程投资控制带来了大量的可变因素，全过程投资控制难度大。

项目组织与协调

为强化分工，保证公司内部各参建单位及部门之间的有序协作，公司专门成立了以公司总经理为组长的建设项目领导小组，为项目快速决策协调推进打下了基础。同时，成立了以公司基建分管领导为组长的基建办公室和以公司工程项目分管领导为组长的实施办公室，创新的管理体制极大的提高了工作效率，不同职责的各方相互协调配合，推动了项目更好更快的进行。

同时，以公司现有基建项目管理制度及三标体系文件要求为基准，特制定并发布了《科研楼实施阶段项目管理规定》，明确了各项管理流程，进一步促使参建各方有序协同工作。

为提升工作效率,保证项目实施进度,采用了进度网络图、年度计划与总结、月度计划与总结、周计划与总结相结合的管理方式，进一步督促落实各方工作。

1）项目建设初期制定进度网络图，理顺工作主线，明确各项工作的责任单位，为各方工作确定了明确的目标。

2）项目实施办公室每周组织召开例会，每月组织召开月度总结会，年初工作会及年末总结会，总结前阶段工作完成情况，协调解决存在的问题，并制定下一阶段的工作计划，保证了项目的实施进度。

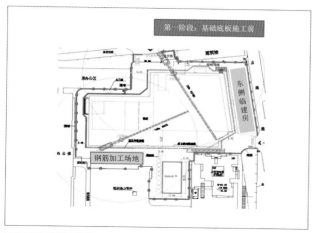

第一阶段：基础底板施工前

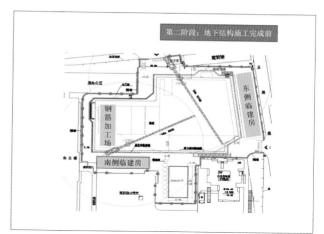

第二阶段：地下结构施工完成前

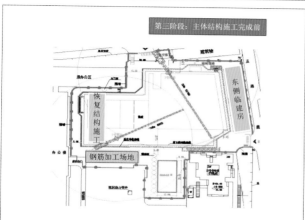

第三阶段：主体结构施工完成前

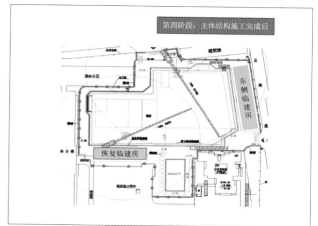

第四阶段：主体结构施工完成后

"零"场地施工的实施与推进

1.灵活多变的场地布置

　　项目位于公司院内，在保证老办公楼正常运转的前提下，能够作为施工场地的总面积约8000m²。新建建筑地下四层，基坑深近20m，基坑按最小设计总面积约5500m²，在扣除场内的临时办公用房、及因荷载限制不能堆载区域，现场可用于材料堆场及加工区域总计不足1000m²，主要分布在基坑东侧、南侧两个区域；如此狭小的场地，还需要布置工人宿舍、材料堆场、材料加工厂等必要场地，难度非常大。

　　结构施工期间，现场需要大量工人、材料进场，现场压力剧增。因木模板及模架等材料体积相对较小，堆放较灵活，

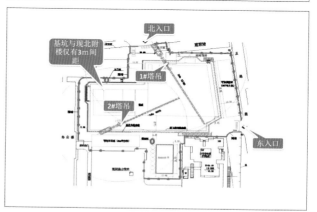

施工场地平面布置图

故需重点解决工人宿舍及钢筋加工厂。如考虑场外住宿及钢筋场外加工，将极大增加时间及经济成本，故现场解决最佳。而在现有场地不可能满足需要的情况下，利用部分结构完成工作面，通过多次倒换工人宿舍及钢筋加工厂，灵活调整场地布置，有效解决了问题。

鉴于结构施工材料量大，我们在相对紧凑的工期内，分阶段解决了人员和钢筋加工需求最大的难题。第一阶段：底板施工需求。在基坑东侧搭设工人宿舍，在基坑南侧设置钢筋加工厂，可满足底板施工需求。第二阶段：地下结构施工完成前，考虑到本项目西侧部分结构仅为地下四层，无地上结构，在施工进度安排上非关键线路，故在底板施工完成后暂停施工，将基坑南侧钢筋加工厂搬至此处，在基坑南侧再搭设工人宿舍一栋，即可同时满足地下结构期间的人员和钢筋加工需求。第三阶段：主体结构完成前，主楼结构出正负零后，地上结构钢筋用量大大减少，工人数量也相应减少，将南侧工人宿舍拆除，将钢筋加工厂重新移至基坑南侧，西侧地下结构恢复施工，满足进度需求。第四阶段：主体结构完成后，钢筋加工基本结束，再将基坑南侧钢筋厂拆除重建工人宿舍，以满足后续的二次结构、机电安装及装修工人住宿需求。

综上，施工过程中现场针对不同时期的资源需求量不同，将有限的场地进行灵活利用，保证现场的劳动力、原材料及材料加工进度需求，保证了现场施工进度。多次倒运虽增加有限成本，但对比场外住宿加工，仍经济较多。

2.合理的施工运输方案

本项目面临的客观困难：

1）运输死角：本项目在北侧和东侧各有一个出入口，但因场地狭小，场地北侧围墙距基坑距离最小不足 3m，无法通车，场地南侧受树木影响，也无法通车，场地的西南侧均成为了运输的死角；

2）道路不通：因车载吊装机械无法靠近，只能选择塔吊来吊运。结合现场北侧和东侧两个入口间距离及东侧和南侧近邻的两栋高层建筑，能够通过一次吊运实现材料设备运输要求的吊塔现场仅能放置 1 台，且仅能覆盖北侧出入口。

3）运输量大：本项目地上结构部分全部采用的钢梁，必须通过塔吊来吊运安装。

综合考虑以上因素，现场制定了 1 台塔吊 +1 台接力副塔吊 + 轻型材料人工搬运的运输方案，以满足现场材料运输及施工需要。北侧设置 1 号塔吊为主塔吊，负责大型材料及钢梁的进出场、运输及安装，南侧设置 2 号塔吊作为接力副塔吊，与 1 号塔吊形成接力，在其覆盖范围内实施运输；现场配置了材料搬运队，对于一些轻型材料进行人工多次搬运。通过该方案有效缓解了狭小场地造成的材料运输上的进度影响，成本也无明显增加。

复杂体系下的质量把控

科研楼工程已获得北京市建筑"长城杯"金质奖，目前正在申报国家优质工程奖。随着大楼全面投入使用，迎来了多方客户的参观、调研，得到了广泛好评。以下是工程质量控制的几点经验：

1.协同发挥各参建方的技术力量

1）充分发挥监理技术力量，做好质量预控

组织监理对施工单位进行质量交底，包括钢筋、模板、防水等关键质量控制点；针对存在质量隐患问题要求监理组织技术评审或交流，必要时要求监理公司技术专家参加，如混凝土浇筑质量、养护方案、冬施方案等；利用监理北京项目的经验，提前做出质量预控，将质量控制要求进行公示，提醒施工单位，如结构长城杯允许偏差公示。

2）发挥设计力量，多组织设计交底及过程检查

组织主体结构设计交底 2 次、基坑支护设计交底 1 次、幕墙设计交底 1 次、BIM 管线设计交底 1 次、幕墙结构允许偏差交底 1 次、多次组织设计交流会，设计每周到现场一次，检查施工质量解决设计问题，借助外部专业设计力量，如幕墙顾问到现场验收。

3）借助公司技术力量，组织技术交流或评审

项目实施过程中，组织了多次技术评审，如超大地下障碍物处理方案评审、基桩承载力检测方案评审、基坑回填方案评审等。

2.应用BIM先进技术，提升机电管线施工质量

科研楼工程为公司自行投资、设计及施工管理的一体化工程，在设计阶段已引用 BIM 技术完成设计三维模型的建立及二维施工图纸的设计。在施工阶段与施工单位相互协作，共同完成了机电管线综合排布和机房设备管线排布工作，大大提升了机电管线的施工质量，也避免了二次返工造成的经济损失。

1）BIM 管线综合排布

对比传统机电安装工程，项目参建各方根据二维图纸结合规范要求组织施工，通过样板间工程的反复拆改，仍无法

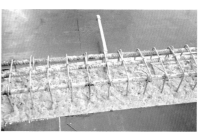

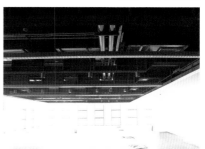

现场质量管理

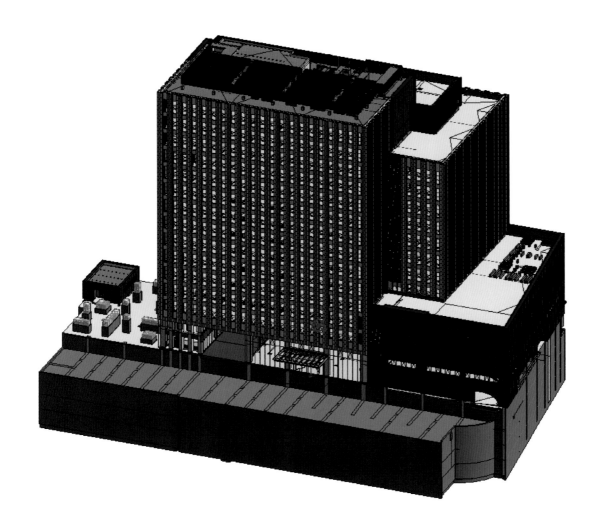

BIM管线排布示意图

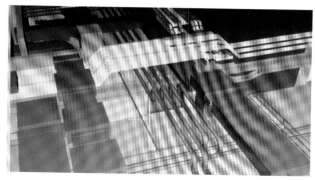

F4层核心筒南侧管线交汇处最低2.81m

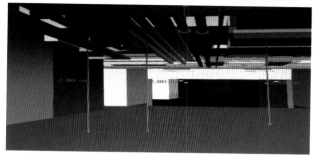

F2层核心筒北侧走廊最低2.81m

楼层管线最低点标高

碰撞检查流程

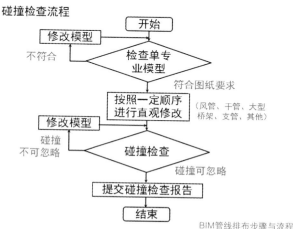

BIM管线排布步骤与流程

BIM管线排布前后对比图

100%达到所需效果，还造成巨大的拆改、返工及浪费。应用BIM技术进行管线综合排布，利用BIM的可视化功能进行管线碰撞检测以及模拟施工过程的安装需求，直观反映出施工过程中可能出现的问题，同时为满足工程的净高要求，预留足够的检修空间、考虑实际阀部件、管件采购与制作及考虑支吊架的制作及安装对管线具体位置的影响等因素，可在BIM模型中进行合理化深化，尽量把将来可能发生的问题解决在预控阶段，确保管线施工整体质量达到预期要求，且避免或减少施工现场的返工及浪费，降低工程成本。

2）机房设备管线排布

建筑工程的机房工程往往比较复杂，应用BIM技术进行控制和管理，与传统方法比较，BIM模型更具有直观性，BIM技术在机房排布方面的应用，将有效解决机房工程复杂节点的施工，有效的控制施工质量，且可操作性强，准确率高，接近项目实施人员的直观感觉模式，可最大限度地获得实物视觉效果，实现施工过程的可视化管理，有助于提高专业技术水平以及预控能力。在施工过程中，利用三维模型进行施工交底，有

实际效果图如下：

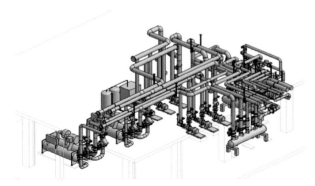

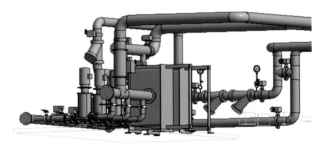

制冷机房管线排布深化整体效果图

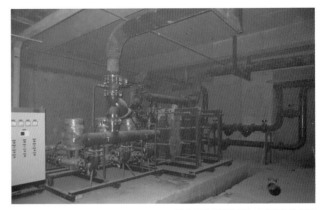

板式换热机组模型和实际安装效果图

制冷机房管线排布深化实际安装效果图

制冷机组模型和实际安装效果图

空调冷冻水泵模型和实际安装效果图

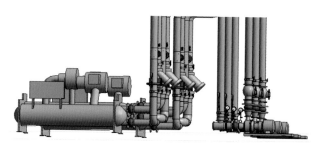

管道密集处管道间距排布

管道垂直排布模型和实际安装效果图

效的提高施工人员的感官效果，可操作性能高，完全可以做到在深化后的 BIM 模型指导下进行施工，提高施工质量。

3.坚持施工样板先行

为保证施工质量达到目标要求，施工过程中始终坚持施工样板先行，提前明确施工质量标准，预先发现并解决存在问题。

本项目施工样板多达三十余项，包括基础钢筋笼加工样板、结构钢筋加工样板、木模板样板、架体样板、混凝土构件样板、砖砌体砌筑样板、抹灰样板、防水样板、地下室管线样板、地上走廊管线样板、机房样板、瓷砖样板、隔断样板、外幕墙样板等。通过施工样板，解决了大量技术问题，保证了正式工程的施工质量。

1）本项目地下二至四层为设备用房及车库，均为无吊顶设计，所有管线裸露在外，管线施工质量是控制重点之一。通过实施地下管线施工样板，既验证了通过 BIM 技术排布后的管线图纸的准确性，又进一步更加直观的检查了管线排布的观

地下车库管线安装图

感质量及净空高度，向施工人员进行了详细直观的技术交底，保证了最终的管线施工质量。

2）本项目外幕墙形式多样、结构复杂，如何保证幕墙的顺利施工并确保其达到质量要求是首先要考虑的难题之一，而实施幕墙样板墙是解决该问题的最佳途径。本项目通过实际建造同尺寸幕墙样板，过程中发现并解决了大量设计问题，通过对样板的验收，优化了大量节点，进一步提升了观感质量，同时确认了材料选型及施工质量标准，为幕墙工程的正式施工扫清了所有技术障碍。

幕墙1:1样板模型

3）本项目地上办公区域均为敞开式办公，装修简洁大方。吊顶采用无吊顶方式，顶棚采用深灰色珍珠岩喷涂，线管全部裸露；地面为结构面上铺设100mm高架空地板，所有工位强弱电线缆均自地板下铺设；部分小房间墙体采用轻钢龙骨隔墙，为便于今后因使用需求变化而进行改造，要求所有隔墙需落在架空地板上，不得直接落到结构面上。整体空间工序繁多，

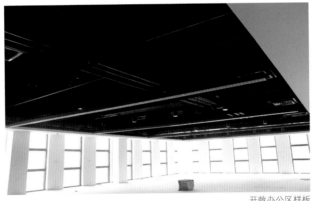
开敞办公区样板

相互交叉相互影响现象严重，细节质量难以保证。鉴于此情况，现场先行组织实施了一个完整的敞开式办公区样板。

按照顶—墙—地的传统施工顺序，首先遇到的问题是顶棚管线与珍珠岩喷涂的施工工序。传统的施工工序为：喷珍珠岩——喷乳胶漆——设备支架安装——设备管道安装——不作喷涂管道设备做保护——管道喷涂及顶棚局部喷顶修补。其优点是工人易于操作、施工快、工种交叉少；缺点是支架安装破坏珍珠岩，修补困难，二次喷涂后色差明显，严

重影响视觉效果。

面对该问题，现场通过样板区域的施工，探索出一套可行的施工工序：管线支架精确定位——设备支架安装——喷珍珠岩——设备管道安装——不作喷涂管道设备做保护——喷乳胶漆。这种工序的优点是后喷涂一次性完成、无色差、整体效果好。

然而遇到的新问题是，要满足隔墙不落地的要求，就要颠覆传统先施工隔墙后施工地面的工序。样板施工过程中通过与隔墙施工单位、架空地板厂家技术人员多次协商，确定施工工序为：轻质隔墙位置弹线——架空地板整体放线（支座尽量避开隔墙）——电气管线敷设（出隔墙位置甩出地面200mm高）——铺设架空地板——隔墙施工。

此外，样板施工中发现结构板表面粗糙、易起灰，直接铺设管线及架空地板对施工质量及今后的使用均有影响，经各方研究决定增加一道水泥自流平工序，以保证地板的平整，防止后期起灰。

通过实施敞开式办公样板，理顺了施工工序，解决了现场问题，还完成主要材料选型确认，为确保施工质量达到高标准的要求奠定了基础。

绿色建筑与绿色施工

打造绿色建筑的同时遵循以下施工标准：《绿色建筑评价标准》GB/T 50378-2006；《绿色施工导则》（建质[2007]223号）；《绿色施工管理规程》DB11/513-2008。

施工前须做好以下准备工作：

1）在合同中明确绿色施工的要求，同时有处罚条款。

2）施工前，组织施工单位认真查看设计图纸，尤其注意设计中对材料、产品的要求（如节水洁具、可循环材料等），并要求施工单位不得随意改变。

3）组织绿建交底（2013年4月请绿建咨询单位建研院专家进行绿建交底，现场各参建单位参加）。

下页图展示了本工程绿色施工的具体措施。

施工过程投资控制

1.投资控制目标的建立

投资控制目标的控制包含两个层面，第一层面是将建设项

目分解为若干个采购包，以采购包为单元进行投资控制；第二层面是将采购包划分为若干个投资变化因素，每个因素对应一个投资控制点，通过控制各控制点的指标来控制该采购包的投资。具体见投资控制目标流程图。

2.工程实施前的投资控制

工程实施前有部分专业图纸需二次深化设计，采用限额设计，即施工图设计以投资控制目标额度范围内进行设计，对超出控制目标的二次设计，通过不断调整设计方案来满足限额的

要求，从而达到控制投资的目的。

招标控制价的控制：严格控制招标控制价，不得超出投资控制目标；本项目委托两家造价咨询单位分别编制，相互核对，以保证控制价的客观准确性；同时加强造价审核，严格执行公司的审批流程，并由专业总师和委托的院专业技经人员审核。

招标采购管理：预先供方审批、招标文件评审、评标、评标结果审核、合同评审。严格执行国家相关法规和公司三标体系文件等制度，确保招标采购程序完全合规，确保合同条款严

作业层可移动人行通道

可周转成品防护栏杆

工人洗浴间节能热水器

员工实名制通道

土方阶段现场道路洒水

垃圾分类

可周转成品防护棚

现场道路100%硬化

楼梯标准化防护

工人生活区充电柜 封闭式垃圾站 基坑施工自动喷雾器

自翻式电梯井平台

新型钢木组合梁

新式无脚手架外用电梯

洗车机

节能电热灶

绿色施工具体措施

谨无漏洞。

3.工程实施过程中的投资控制

根据投资控制目标对引起投资变化的各动态因素进行控制，从而实现对项目的投资控制。具体如下：

合同工程量调整：对单价合同，合同执行初期与施工单位核准合同工程量，将核实工程量偏差风险，为投资动态控制提供有力保障。

变更洽商的控制：项目的变更洽商执行严格的审批手续，所有的变更洽商需经造价咨询单位估算费用，经现场和项目主管部门审核、公司主管领导审批后方可实施，重大变更需经总经办批准后方可实施。

暂估价材料设备、变更新增材料设备价格的控制：通过与施工总包方联合招标的方式及时确定价格，避免结算扯皮，为过程投资动态控制提供依据。

人材机价格超幅度调整：按造价信息每月与投标基期进行比较、分析，实现当月计量当月结清。

过程中及时结算：过程结算分过程结算、阶段性结算、竣工结算三种情况，过程中及时进行结算，以保证投资数据的客观真实性。

其他合同约定调整因素：根据合同约定，及时确定合同中的不确定因素，确定可变因素对投资的影响，做好过程投资控制。

过程投资动态管理：依据体系文件，监督项目投资发生情况，进行动态管控。随时将实际发生投资与目标值对比，比较实际值与目标值之间的偏差，对偏差进行预警，分析原因并制定具体的纠偏措施。对超出采购包控制目标的，执行超投资控制目标的决策程序。

总之，通过建立投资控制目标这条主线，并通过采取有效的投资管理方法，实现了对投资的有效控制，达到了既定的控制效果。

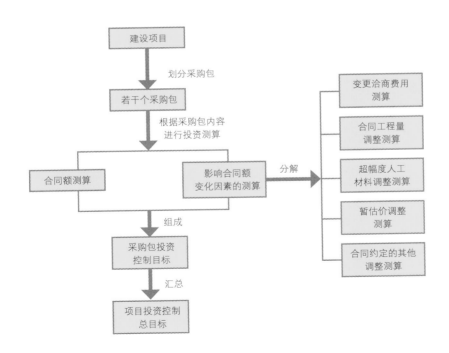

投资控制目标流程图

项目设计人员（专业负责人、设计、审定、审核、校对）

主持人： 傅绍辉　刘向晖

建　筑： 范　立　孙学东　蔡明成　孟繁强　傅绍辉　张雪涛　杨葵花

景　观： 魏　炜　赵　婧　于昕雅　张雪涛

室　内： 许　明　陈　巍　艾圣博　吴亚妮　焦　丹　王文宇　董岳华

结　构： 崔巨宏　刘　茵　吕敬辉　王亚曼　金来建　贾　洁　宋晓红

给排水： 甘亦忻　李　鹏　李宛蔚　王　锋　李力军　朱　淼

暖　通： 孟凡兵　隗姗姗　乔卫来　安玉双　肖　武

电　气： 陈泽毅　国建莉　晋明华　陈　杰　丁　杰　张　超

智能化： 高青峰　李建波　陈　杰　丁　杰　唐京波

总　图： 任　海　郭　滢

技　经： 郄利平　孟　繁　张梦瑾　李　响　耿　迪　宋素春　杨发周　彭　莹

项目管理人员

米敬明　马　跃　鲍才学　孙学东　刘录友　李桂文　王　斌　池小军　郭东波

后记

　　翘首企望的综合科研楼（以下简称"科研楼"）终于在新时代拔地而起，由蓝图变成了现实。现代化的高层建筑，外观庄重、典雅、简洁、大方、挺拔秀丽，内部空间丰富、流线顺畅、功能完善、设备齐全，工程质量优良，达到了国家三星级绿色标准。它的建成圆了中航规划人的梦想，可喜可贺。既往中航规划人在老办公楼奋斗了六十余载，成为业界的佼佼者，在新的办公环境下，定能开创更加美好的未来。

　　科研楼设计、建造团队，以业绩证明了自己是世界前沿。全过程、全专业的协同作战是成功的关键。这里所包括的建筑、景观、室内装饰、结构、给水排水、暖通、电气、智能化、建筑节能与绿色建筑、技术经济、综合管理、监理、建造与总承包等专业，忠于职守、精益求精。新时代、新工程，是对团队技术能力的全面检验，也验证了他们前沿的理论、领先的理念、卓越的技术、广阔的视野、科学规范的管理和敬业精神，他们是中航规划总院丰富经验的浓缩。

　　一流的工程需要顶尖的企业打造，为自身设计建造的全产业链项目，树立了企业的形象品牌，证明了总院不仅在航空工业领域独领风骚，在民用建筑领域也表现不凡。全国首家综合甲级设计院，业务范围从前期立项、可行性研究、总体规划、工程设计到施工监理、工程总承包、设备总承包的全部过程，全价值链、全产业链过程在本工程中得到充分的体现，也为客户提供了样板，是全方位服务的实例。

　　科研楼是企业未来创新发展的基础设施工程，相信它的建成将为总院发展成为"具有国际竞争力的工程领域价值集成商"的愿景，发挥出更大的潜能。

全国工程勘察设计大师　　韩先宗